U0186288

改变世界的发现

科学大发现背后的故事

· 数学物理化学篇 ·

刘宜学 沙 莉／著

齐鲁书社

·济南·

图书在版编目（CIP）数据

改变世界的发现：科学大发现背后的故事. 数学物
理化学篇 / 刘宜学, 沙莉著. -- 济南：齐鲁书社,
2023.1
　　ISBN 978-7-5333-4531-0

　　Ⅰ．①改… Ⅱ．①刘… ②沙… Ⅲ．①科学发现－普
及读物 Ⅳ．①N19-49

　　中国版本图书馆CIP数据核字(2022)第112009号

策划编辑：傅光中
责任编辑：张　巧
责任校对：赵自环　王其宝
装帧设计：亓旭欣

改变世界的发现：科学大发现背后的故事（数学物理化学篇）
GAIBIAN SHIJIE DE FAXIAN：KEXUE DAFAXIAN BEIHOU DE GUSHI SHUXUE WULI HUAXUE PIAN
　　刘宜学　沙莉　著

主管单位	山东出版传媒股份有限公司
出版发行	齐鲁书社
社　　址	济南市市中区舜耕路517号
邮　　编	250003
网　　址	www.qlss.com.cn
电子邮箱	qilupress@126.com
营销中心	（0531）82098521　82098519　82098517
印　　刷	山东临沂新华印刷物流集团有限责任公司
开　　本	720mm×1020mm　1/16
印　　张	10.75
插　　页	1
字　　数	125千
版　　次	2023年1月第1版
印　　次	2023年1月第1次印刷
标准书号	ISBN 978-7-5333-4531-0
定　　价	36.00元

前言
（总）

　　在地球这颗美丽迷人的星球上，人类的远祖从动物进化而来。他们在混沌中睁开双眼，挺直腰板走出洞穴，走出丛林，走出愚昧……他们用刚获得解放的双手擦亮好奇的双眸，拨开心智的迷雾，学会利用大自然恩赐的资源制造工具……

　　在人类社会发展的历史长河中，人类对于自然，对于自身，对于规律，对于真理的发现，多得像那夜空中闪烁的繁星，数也数不清。《改变世界的发现：科学大发现背后的故事》科海拾贝，在数学、物理、化学、生物、天文、地理等领域遴选78项古今中外改变世界的重大科学发现，分《改变世界的发现：科学大发现背后的故事》（数学物理化学篇）和《改变世界的发现：科学大发现背后的故事》（生物天文地理篇）两部书同时出版。这些伟大的发现，在经意或不经意之间，让人类更深入、更准确地了解自己所处的宇宙，更合理、更完整地解释我们所在的色彩斑斓的世界。从一定意义上说，这些伟大的科学发现，使人类在潜移默化中改变了自己，甚至由此石破天惊般地改变了世界！

　　放眼大自然，人类发现了生物起源的奥秘，发现了大海深处的生物；发现了地球是球体，发现了神秘的南极洲；发现了日月星辰的运转规律、肉眼看不到的海王星和冥王星，以及太阳系外的星座和银河系外的星系；发现了宇宙深处无所不在的微波背景辐射……

凝视微观世界，人类发现了充满活力的细菌和病毒；发现了比分子还小的原子，比原子更小的电子、质子和中子……

人类的每一次大发现，都是勇敢者留下的坚实的足迹。然而，我们深知发现之旅绝非坦途，光有勇气还远远不够，还需要好奇、执着、智慧，甚至非凡的想象力和一点点好运气。

因为好奇，病中的魏格纳凝视着一张普通的世界地图，发现了大陆漂移的线索；因为执着，居里夫妇从30多吨矿石当中，提炼出了0.1克纯净的镭；因为敏锐，勒威耶和亚当斯能通过复杂缜密的数学计算，发现"笔尖下的行星"——距离太阳最遥远的行星海王星；因为专注，殚精竭虑的化学家凯库勒竟然在梦境中构想出6个氢原子和6个碳原子首尾相接的苯分子的环状结构……

好吧，在您开启本书的"发现之旅"之际，让我们记住著名科学家牛顿说过的一句话：

如果你问一个溜冰高手怎样才能学会溜冰，他会告诉你："跌倒了，爬起来。"——这就是成功。

牛顿说："如果没有这些原理，地球、行星、彗星、太阳和其他天体将是冰冷冻结的，成为丝毫不动的重量；所有的腐烂和产生的过程、植物和动物都将消失。"

SIR ISAAC NEWTON.

when Bachelor of Arts in Trinity College, Cambridge

Engraved by B. Reading from a Head painted by Sir Peter Lely in the Possession of the Right Honorable Lady Viscountess Cremorne

艾萨克·牛顿

真理都是一致的

当我们得出了

真正的原理和法则的时候

我们才会发现

身边的例子就反映了真理

Js. Newton.

艾萨克 · 牛顿

目 录

化 学

数 学

微信扫一扫 科学早听到

"几何无王者捷径"

——欧几里得创立欧氏几何学的故事

欧几里得，公元前 330 年左右出生于希腊雅典。那时正值古希腊数学发展的"黄金时代"，研究数学之风弥漫雅典古城。雅典人引以为豪的著名希腊哲学家柏拉图，虽然对数学没有做过专门研究，但格外重视数学的发展，他甚至认为"上帝就是几何学家"。青少年时代，欧几里得就在柏拉图生前创办的学院里求学。柏拉图学院门口挂着一块"不懂几何者勿进"的牌子，这几个字深深地烙印在欧几里得的心里。

青年时期，欧几里得应托勒密一世的聘请来到当时世界科学文化的中心——埃及的亚历山大城。当时的亚历山大城科学昌明，人文鼎盛，有博物馆、天文台，还有藏书数十万册的图书馆。在亚历山大城，欧几里得以教书为业。

牛津大学自然历史博物馆中的
欧几里得雕像（马克·威尔士摄）

对有志于数学研究的学生，他青眼相加，精心辅导，而对急功近利者则嗤之以鼻。

一次，一个学生问他："学习几何能发财吗？"

欧几里得听了一言不发，摇摇头，转身对他的仆人说："给他三个硬币，让他走开。"

在他眼里，科学是如此纯洁，容不得半点杂质。他无意于财富，觉得三餐果腹足矣，但对学问始终孜孜以求，精益求精。

亚历山大城科学风气浓厚，人们常常追问万事万物的真相和本质。当时，人们都在热议金字塔的高度，各人都有自己猜测的答案。究竟标准答案是多少呢？人们都不得而知。

"想个办法爬上塔顶量一量就知道了。"有人建议说。

欧几里得听了哈哈大笑，说道："不用那么复杂！找个晴天，站在阳光下，当你的影子跟你的身体一样长的时候，你就去量一下金字塔的影子有多长，那影子的长度就是金字塔的高度！"

这个一直困扰着人们的难题就这样被轻易地解决了！

在欧几里得看来，数学就是这样充满魅力！它不能使人发财，却能给人无穷的智慧。尤其是博大精深的几何学，更让欧几里得如痴如醉。他认为一切现象的逻辑规律都体现在图形之中，"几何是人类思维的体操"。

早在公元前6世纪，古希腊第一位数学家泰勒斯就开创了几何命题证明的先河，被认为是"希腊几何学的鼻祖"。之后，毕达哥拉斯等许多数学家取得了开创性的研究成果。然而，这些几何学研究的成果却如散落在地的珍珠，显得零乱不堪、杂乱无章。能不能将这些成果，包括自己的研究成果条理化、系统化，予以归纳、总结和提高，构建一个系统的几何学理论呢？

欧几里得心想。

对，构建一座几何学的大厦！欧几里得仿佛已经看到一座赏心悦目、美轮美奂的几何学大厦，他不禁怦然心动了。

可要将这些乱麻般的几何学成果梳理清楚，谈何容易！必须理出一个逻辑框架，好比将珍珠连缀成一串就要找到一根线一样。

于是，他开始在哲学大师的理论中寻找答案。"亚里士多德的形式逻辑演绎体系不就是一根完美的'线'吗？！"想到这儿，欧几里得如获至宝。

有了这样一个理想的逻辑框架，工作就有头绪了。欧几里得开始对每一个几何学研究成果进行分析、整理，接着进行"砌砖"。他让那些不需证明的公理作几何学大厦的基础，接着再叠上那些依靠公理或已证明的命题来证明的定理。就这样，一个个几何学研究成果依据前因后果的顺序，有条不紊地层层叠加上去……

终于，约在公元前 300 年，欧几里得写出了几何学巨著——《几何原本》。

《几何原本》全书共分 13 卷，包含了 5 条公理、5 条公设、131 个定义和 465 个命题。书中梳理了在欧几里得之前 400 年间数学研究的成果，融入了欧几里得创造性的智慧，标志着欧几里得几何学（简称欧氏几何学）

欧几里得

的创立。全书结构严谨，逻辑缜密，成为用公理化方法建立起来的数学演绎体系的最早典范。由此，欧几里得被誉为"几何学之父"。

《几何原本》问世以来，一直被奉为学习几何学必备的经典著作，被公认为是历史上影响最深远的教科书之一。在西方，其出版版本之多、读者之众、影响力之大仅次于《圣经》。爱因斯坦曾说："一个人，当他最初接触欧氏几何学时，如果对它的条理性和严谨性毫无触动，那么他就不是当科学家的料。"

据说，当时托勒密国王也对几何学很感兴趣，自视甚高的他也捧起《几何原本》来阅读，可看了几页就没耐性了。他问欧几里得："学习几何学有没有什么捷径可走？"

欧几里得回答道："抱歉，陛下，在几何学面前，您和老百姓是平等的！一分耕耘一分收获，几何无王者捷径！"

（刘宜学）

"神机妙算"

——刘徽计算 π 的故事

现在，一提起 π，小学生准能说出一个大致的数值——3.14。可要是将时光倒流 2000 年，情况就大不一样了。

中国古代经典数学著作《九章算术》中有这么一个问题："今有圆田，周三十步，径十步，问为田几何？"从问题的叙述中我们不难发现，当时人们在计算圆的面积时取的圆周率，即 π 值是 3，也就是所谓的"周三径一"。

可这个数值与实际的数值存在较大误差。一些古代数学家敏锐地发现了这个问题，并开始了揭开 π 的真面目的艰辛历程。

生活在公元 3 世纪魏晋时期的刘徽，是一位颇负盛名的数学家。他创造了数学中的割圆术，为计算圆周率建立了严密的理论和完善的算法，使圆周率的研究进入了一个崭新的阶段。

所谓割圆术，就是在圆内作内接正多边形，以多边形的面积求得该圆的近似面积，并计算出圆周率近似数值的方法。

九章算術海島算經合刻 乾隆丙申新鐫 豫簽堂藏版

九章算術序　劉徽撰

昔在包犧氏始畫八卦以通神明之德以類萬物之情作九九之術以合六爻之變暨於黃帝神而化之引而伸之於是建曆紀協律呂用精道原然後兩儀四像精微之氣可得而效焉稱庖首作筭未之聞也按周公制禮而有九數九數之流則九章是矣往者暴秦焚書經術散壞自時厥後漢北平侯張蒼大司農中丞耿壽昌皆以善筭命世蒼等因舊文之遺殘各稱刪補故校其目則與古或異而所論者多近語也徽幼習九章長再詳觀之觀陰陽之割裂揔筭術之根源探賾之暇遂悟其意是以敢竭頑魯採其所見為之作注事類相推各有攸歸故枝條雖分而同本幹者知發其一端而已又所析理以解體用圖庞分而約通而不黷覽之者思過半矣且筭在六藝

四库全书本《九章算术》书影，书中有刘徽所撰序

　　刘徽明确指出，虽然圆的内接正多边形的面积小于圆的面积，但是"割之弥细，所失弥少。割之又割，以至于不可割，则与圆合体，而无所失矣"。也就是说，当圆的内接正多边形的边数无限多时，正多边形的周长即可无限接近圆的周长，其面积也可无限接近圆的面积。刘徽所创的割圆术体现了现代数学中的极限思想，这是他在数学史上的一项光辉成就。

　　刘徽是怎样发明割圆术的呢？

　　据说，有一天，刘徽信步走到一个打石场去散心，看到一群石匠在加工石料。石匠们接过一块四四方方的大青石，先斫去石头的四个角，石面变成了八边形，再砍掉八个角，石面变成了十六边形。这样一斧一斧地砍下去，一块四方石就慢慢被加工成了一根光滑的圆石柱。

　　刘徽几乎看呆了。突然间，他脑子里灵光一闪，赶紧回到房间，立刻动手在纸上画了一个大圆，然后在圆里画了一个

内接正六边形。他用尺子一量，六边形的周长正好是圆的直径的 3 倍。然后，他又在圆里作出内接正十二边形、正二十四边形、正四十八边形……他惊喜地发现，圆的内接正多边形的边数越多，正多边形的周长就和圆的周长越接近。基于这一发现，刘徽算出了圆的内接正一百九十二边形的周长是圆直径的 3.14 倍，即 157/50。他把这种求圆周率的办法称为割圆术。

157/50 是人类历史上第一次求得的比较准确的 π 值。后来，人们为了纪念刘徽的功绩，就把这个 π 值称作"徽率"。

关于割圆术，民间还流传着这么一个故事。

从前，有一个贪婪吝啬的财主找到刘徽，向他求助。财主说："我有一口圆形的池塘，去年荒芜在那里。现在有个佃农想租去种荷花，这样夏天可以赏荷花，秋天可以摘莲蓬，而且我也有一笔可观的租金收入，真是两全其美。能不能请您帮忙计算一下这口池塘的大小呢？"

刘徽不假思索地回答："当然可以。不过，你是想让你的池塘的亩数大一些还是小一些呢？"

财主一听就乐了，忙不迭地说："大一些好，大一些好。大了我可以多收租金哪！"

于是，刘徽告诉他，要尽量把这个池塘画成正多边形，边数越多，池塘的亩数就越大。

财主迫不及待地依计行事。第二天一早，他就跑来告诉刘徽，他在圆形的池塘中画出了正十二边形，并量出了边的长度。刘徽马上帮他算出了池塘的

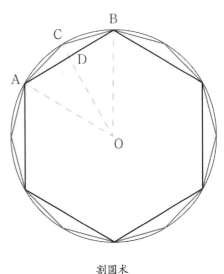

割圆术

亩数。第三天，财主画出了正二十四边形，刘徽一算，果然亩数比前一天多了些。财主十分高兴，过了几天，他又画出了正九十六边形，刘徽算出的亩数又大了一些。

这样，贪心的财主为了让圆形池塘的面积"不断扩大"，就不停地画呀量呀，忙得不亦乐乎。后来，有一位客人来拜访他。听完财主乐滋滋的叙说后，客人说道：

"你上刘徽的当了。想想，这池塘的大小是恒定的，它有多少亩就是多少亩，怎么能越画越大呢？"

财主低头沉思了好一会儿，觉得客人的话不无道理。可是为什么正多边形的边数越多，算出来的池塘亩数越大呢？客人也百思不得其解。其实，这个故事讲的就是割圆术。

值得一提的是，后来，南北朝时期的另一位著名数学家祖冲之在刘徽研究的基础上，利用割圆术继续推算，求得长达七位小数的圆周率：$3.1415926 < \pi < 3.1415927$。这一成就在当时走到了世界的前列，领先欧洲1000多年。

（沙　莉）

"韩信点兵"的秘术

——孙子、秦九韶创立中国余数定理的故事

在中国数学史上流传着一个"韩信点兵"的故事：

汉高祖刘邦手下的大将韩信，不但英勇善战，而且足智多谋。据说，他在集合点兵的时候，为了避免泄漏军事机密，不采取逐一点数的办法，而是先让士兵从 1 至 3 报数，然后记下最后一个士兵所报之数；接着让士兵从 1 至 5 报数，又记下最后一个士兵所报之数；最后让士兵从 1 至 7 报数，再记下最后一个士兵所报之数。这样，韩信就能迅速知道士兵的总人数。

故事真伪已无从考证，但故事本身说明了一个数学问题：韩信 3 次点兵，依次用两两互质的 3 个数（即 3、5、7）来报数，每次最后一个士兵所报之数其实就是士兵总人数分别除以 3、5、7 所得到的余数。这个问题的核心是：根据 3 个除数及对应的余数，如何求出士兵总人数。对它的解答，其实质就是一次同余式组的解法。

其实，早在南北朝时期，我国的一部数学著作《孙子算经》

就记载了这类问题。该书作者生平不详，人们只知道他以孙为氏，故尊称之为孙子。值得说明的是，此孙子并非春秋末期《孙子兵法》的作者孙武。《孙子算经》中载有一个著名的"物不知数"的题目：

"今有物不知其数，三三数之剩二，五五数之剩三，七七数之剩二，问物几何？"

用现在的话来说，这个问题是：

一个整数除以3余2，除以5余3，除以7余2，求这个整数。

《孙子算经》给出了答案"二十三"，并在这道题目的术文中说："三三数之剩二，置一百四十；五五数之剩三，置六十三；七七数之剩二，置三十。并之，得二百三十三，以二百一十减之，即得。"

用现在的话来说，它的意思是：

先求被3除余2，并能同时被5、7整除的数，设该数为140；

再求被5除余3，并能同时被3、7整除的数，设该数为63；

然后求被7除余2，并能同时被3、5整除的数，设该数为30。

以上三项之和为233，减去210（3、5、7这三个数字乘积的2倍），所得到的数就是所求的数（实际上这样的整数有无穷个，只要将233加上或减去105的整数倍就可以，23是满足条件的最小正整数）。

列成算式如下：

$$140 + 63 + 30 - 2 \times 105 = 23$$

《孙子算经》在这道题的术文中还说："凡三三数之剩一，则置七十；五五数之剩一，则置二十一；七七数之剩一，则置十五。一百六以上，以一百五减之，即得。"

这里所说的关键数是：70、21、15 及 105。记住了这 4 个数字，就能轻而易举地解出这道题。为了便于记忆，明代数学家程大位在《算法统宗》一书中，以隐喻的形式用诗歌概括了这类题目的解法：

三人同行七十稀，五树梅花廿一枝，

七子团圆正半月，除百零五便得知。

这首诗的意思是，用被 3 除所得余数乘 70，加上被 5 除所得余数乘 21，再加上被 7 除所得余数乘 15，其和如果大于 105，便减去 105 的倍数，即为答案。就孙子的"物不知数"而言，列成算式如下：

$$70 \times 2 + 21 \times 3 + 15 \times 2 - 2 \times 105 = 23$$

孙子提出了一次同余式组这类题目并给出了解法和答案，但未能从理论高度上阐明一次同余式组的普遍解法。真正从理论上彻底解决这个问题的，是南宋时期的著名数学家秦九韶。

秦九韶，约 1208 年出生于四川安岳的一户富裕人家。他天资聪慧，多才多艺，时人称秦九韶"性极机巧，星象、音律、算术，以至营造等事，无不精究"，"游戏、球、马、弓、剑，莫不能知"。对数学，他更是痴迷。1244—1247 年，他在为母亲守孝期间，把长期积累的数学研究成果编撰成了一部数学巨著——《数书九章》。

秦九韶在《数书九章》中深入研究了"物不知数"的问题，系统地论述了一次同余式组的基本原理和一般解法。他把这套解一次同余式组的方法叫作大衍求一术。其中"大衍"一词来自《周易》，而"求一"则是这一方法的核心内容。以"物不知数"题目中的关键数字70、21、15为例：70是5和7的公倍数且除以3余1，21是3和7的公倍数且除以5余1，15是3和5的公倍数且除以7余1。至于题中的105，则是3、5、7的最小公倍数。只要根据这个规律求出几个关键数字，任何一个一次同余式组便可迎刃而解。

1852年，英国传教士亚历山大·伟烈亚力在他的《中国数学科学札记》一书中，介绍了孙子的"物不知数"问题和秦九韶对一次同余式组的解法，由此大衍求一术传入欧洲。这时欧洲学者才发现，1742年瑞士数学家莱昂哈德·欧拉及1801年德国数学家约翰·卡尔·弗里德里希·高斯所提出的一次同余式组的解法，中国人早在500多年前就已经弄清楚了。

于是，大衍求一术作为数论的一个重要定理，被称为"中国余数定理"（也叫"孙子定理""中国剩余定理"），是明朝之前中国数学史上最重要的发现之一。发现大衍求一术的秦九韶被称为"最幸运的天才"，美国科学史家乔治·萨顿说他是"那个民族、那个时代，乃至有史以来最伟大的数学家之一"。

（刘宜学）

用字母和符号代表数及其运算

——花剌子米等人创立代数的故事

今天，如果我们提起数学中的完全平方公式，最先浮现在脑海里的一定是下面这个公式：

$$(a \pm b)^2 = a^2 \pm 2ab + b^2$$

这是一个多么简洁明了的等式！字母、加减号、等号、括号、平方数……要是没有这些现代人耳熟能详的字母、数字和符号，只使用纯文字来描述，得费多大的劲啊！感谢伟大的数学家们创立了代数，给世人带来了极大的便利！

提到代数，我们不能忘记最早在算术中使用简略符号的古希腊大数学家丢番图。公元3世纪，这位生活在亚历山大的数学家，在他那部划时代的著作《算术》中创造性地使用了一套符号来表示未知或未定的数。这是数学发展史上的一大突破。数学符号的运用，肇启了数学三大分支（代数、几何和分析学）

被誉为"代数之父"的阿拉伯数学家阿布·贾法尔·穆罕默德·伊本·穆萨·花剌子米画像（米歇尔·贝克尼绘）

之一——代数的发展。

大约公元 780 年，被誉为"代数之父"的阿拉伯数学家阿布·贾法尔·穆罕默德·伊本·穆萨·花剌子米出生了，代数的发展即将迎来继丢番图之后的又一个高峰期。

花剌子米研究兴趣广泛，涉及数学、天文学、地理学等众多领域。当年，阿拉伯帝国阿拔斯王朝的第七任哈里发在巴格达创办了智慧宫。智慧宫集翻译馆、科学院和公共图书馆为一体，学者们在此开展科学研究，并翻译了大量由东罗马帝国传入的科学和哲学文献。博学多才的花剌子米成为智慧宫的著名学者，完成了两部数学巨著——《代数学》和《印度数字算术》。《代数学》书名的阿拉伯文原意是"还原与对消的科学"，具体而言，涵盖的是现代人耳熟能详的"移项""化简""合并同类项"等数学术语。在这本著作中，花剌子米第一次使用了"algebra"这个词，该词本义是"零散部分复原"。"algebra"起先在汉语中找不到现成的词语对应，1859 年，中国清代著名数学家和翻译家李善兰极富创意地将它翻译成"代数"，此后这个名称一直被沿用至今。

当今全世界通用的十进制阿拉伯数字实际上是印度人发明的，应该叫"印度数字"。"印度数字"就是通过花剌子米的著作经由中东传入欧洲，从此被称作阿拉伯数字。阿拉伯数字广泛传播，迅速取代了欧洲原先使用的烦琐的罗马数字，为代数发展铺平了道路。因此，花剌子米被西方科学史家尊称为"史上最伟大的穆斯林科学家之一"。

继花剌子米之后，代数发展史上第三位做出重要贡献的是法国数学家韦达，就是那位提出一元二次方程中根与系数关系的韦达定理的弗朗索瓦·韦达。

韦达，1540 年出生在法国普瓦图地区（即现在

花剌子米著作阿拉伯文《代数学》手稿的其中一页，他正试图用几何学方法解决二次方程

的旺代省），年轻时学习法律，做过律师，也曾经当过议会议员。也就是说，韦达并不是一位专职数学家，但这并没有妨碍他在数学尤其是代数方面做出巨大的成就。韦达 1591 年写下的《分析术引论》是最早的代数学专著，极大地促进了现代代数的普及和标准化进程，他也因此被尊称为"现代代数之父"。

在《分析术引论》一书中，韦达使用统一的字母来表示已知数、未知数及其运算，使得代数学的形式更加规范化，更具普遍性，应用范围也更加广泛。

回顾历史，从丢番图到花剌子米再到韦达，代数学从萌芽到迅速发展再到逐渐完备，这三位伟大的数学家的贡献是代数学发展史上最重要的三座丰碑。

（沙 莉）

连接代数和几何的"桥梁"

——笛卡儿创立解析几何学的故事

自从古希腊时代以来，数学领域的发展逐步形成两大分支：一支是几何学，它研究的对象是图形如点、线、面、体等及其变化；另一支是代数学，它研究的是数字、数量、关系、结构等，特别是代表数字的字母之间的运算关系，如实数、虚数、指数、对数、方程等。但是，如何将几何学和代数学有机联系起来，加以融会贯通，很少有人想过，也很少有人试过。这种情形一直延续到勒内·笛卡儿生活的 17 世纪。天才的笛卡儿发现，几何和代数就像数学这条河流的两岸，两岸间应当有一座坚固的桥梁将两者连成一体。这座桥梁就是他所独创的坐标系。坐标系的出现，标志着用代数方法解决几何问题的一门新兴学科——解析几何学的诞生。它极大地促进了数学的发展，从而推动了航海学、天文学、物理学等其他学科的进步。从此，这些学科的研究对象从常量发展到变量，以往用传统的数学方法不能解决的难题，都在解析几何的利器下迎刃而解。

笛卡儿也因为他在数学上的卓越贡献而被载入世界数学史册。

1596 年 3 月的一天，笛卡儿出生在法国土伦省的一户贵族家庭。他刚呱呱坠地，母亲就一病不起，溘然长逝。这个孱弱的婴儿也几乎夭折，幸亏得到一位保姆悉心照料，这颗未来的科学巨星才不至于过早陨落。为此，他的父亲给他取名叫勒内·笛卡儿，"勒内"的法文意思就是"重生"。

法国哲学家、数学家和科学家勒内·笛卡儿画像（弗兰兹·霍尔斯绘，W.霍尔刻，美国国会图书馆藏）

从小体弱多病的笛卡儿有着一颗聪慧机敏的大脑，加上自己的勤奋刻苦，他顺利地完成了大学学业。后来，为了锻炼体魄，也为了更好地"去读世界这本大书"，20 岁出头的笛卡儿投身军营，成了军队里的一名文官。

笛卡儿身在军营，心向科学，一刻也没有放弃过他酷爱的数学研究。有一次，他在街头漫步，偶然看见一张悬赏征答数学难题的启事，上面写着解出本题者将获得"本城最优秀数学家"的称号，征答者署名"荷兰多特学院院长毕克曼"。笛卡儿将启事看了两遍，回到军营后就埋头算了起来。两天之后，他来到多特学院，向毕克曼交了答卷。经过评审，笛卡儿的解答获得了第一名。初露锋芒的笛卡儿赢得了毕克曼院长的赏识，几次接触之后，这两位志同道合的科学同行结成了莫逆之交。

笛卡儿认为古希腊人留下的几何学过于抽象，比如欧几里得的几何学，既"笨拙和多余"，又"少了科学的意味"。因此，他准备寻找一种能融会几何学和代数学这两门学科优点的新方法。这个新方法就是建立坐标系。有意思的是，笛卡儿发明坐标系竟与他的一个甜美的梦有关。

那是 1620 年深秋的一个夜晚，年轻的士兵笛卡儿正躺在军用帐篷里。一缕月光透过帐篷的缝隙照射在床上，让他想起天上的繁星。怎么给这天上的每一颗星星确定位置呢？这是笛卡儿日思夜想而不得其解的问题。

那个夜晚，他的思维特别活跃。"最好有一张星星的位置图。可是天上的星星那么多，而且星空也不断变化着，星空图怎么才能画好呢？即使画出来了，要寻找某一颗星星时还得拿出整张图来，多么不方便！要是能用几个简单的数字来表示就好了……"

想着想着，笛卡儿渐渐地进入了梦乡。

突然，一阵哨声响起，帐篷外传来了教官的脚步声——教官来查营了。

笛卡儿赶紧起身，敬礼道："您好，长官！"

教官回礼后，将笛卡儿拉出了帐篷，说："你不是整天想要用数字来表示天上星星的位置吗？"

"是的，长官！"笛卡儿一听到这话就来劲了，"可是，怎么表示呢？"

只见教官从身后抽出两支箭，将箭搭成一个"十"字，并将这"十"字高举过头，对笛卡儿说："你看，假设我们把天空看成一个平面，这个'十'字就将平面分成了 4 个部分；再假定这两支箭能朝 4 个方向射得无限远，那么，无论天上有多少颗星星，只要从每一颗星分别向这两支箭上引出两条垂直线，就可以得到两个数字。这样，一颗星星的位置不就能轻而易举地确定了吗？"

"对！"笛卡儿恍然大悟，兴奋不已，忘记了官兵之别，猛地抱住了长官……

突然，笛卡儿睁开眼睛，发现自己把军用毛毯紧紧地搂在怀里——根本就没有什么教官！原来是南柯一梦。

不过，这个奇特的梦却给了他重要的启示。笛卡儿及时整理了自己的思路，坐标系的概念逐渐在他的脑海里形成了。

首先，笛卡儿建立了两条数轴。这两条数轴分别被命名为 x 轴和 y 轴，它们垂直交叉，交叉点称为原点。用今天的话说，这就是平面直角坐标系。有了这样一个坐标系之后，如果平面内有任意一点，并且已知这一点分别到两条坐标轴的垂直距离，即可确定这一点的位置，反之亦然。这样，笛卡儿通过建立坐标系确定了平面上的点与有序实数对（x, y）之间的一一对应关系，从而创造性地架起了一座沟通几何学与代数学的桥梁。由此，笛卡儿打破了希腊数学研究的传统，用代数学研究方法代替传统几何学研究方法，创立了解析几何学。

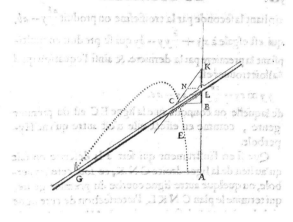

笛卡儿坐标系（选自笛卡儿 1637 年法文版《几何》，美国国会图书馆藏）

1637 年，笛卡儿的著作《更好地指导推理和寻求科学真理的方法论》出版，书后有三个著名的附录：《几何》、《折光》和《陨星》。其中，《几何》是他第一部也是最重要的一部专门研讨数学问题的著作。在书中，他详细阐发了将代数方程应用于几何问题，尤其是解决曲线与曲面问题的基本思想。

（沙　莉）

"我站在巨人的肩膀上"

——牛顿、莱布尼茨创立微积分的故事

英国百科全书式的"全才"艾萨克·牛顿

意大利的科学巨星伽利略陨落后，近代科学史上的英国经典物理学大师艾萨克·牛顿就"迫不及待"地来到人间。这位早产儿在他长达84年的生命旅程中，给人类带来了许多改变世界的伟大发现。

牛顿确立了力学三大定律（即牛顿第一运动定律、牛顿第二运动定律、牛顿第三运动定律），创立了万有引力定律。他还发现阳光可以被分解成红、橙、黄、绿、蓝、靛、紫七种颜色，打开了近代光学研究的大门。更值得一提的是，牛顿不仅在物理学领域做出了巨大成就，还在数学领域创立了牛顿二项式定理，并与德国哲学家、数学家戈特弗里德·威廉·莱布尼茨分别独立地创立了微积分。

早年在家乡英格兰林肯郡的伍尔斯索普村躲避当时流行的鼠疫时，牛顿就开始整理他在剑桥大学留下的笔记，思考前人焦头烂额也无法解答的问题，深入钻研了笛卡儿创立的解析几何等科学成果。他一旦开始一项研究工作，就全身心地忘我地投入其中，真正到了废寝忘食的地步。科学界曾流传着这么一个著名的故事：

有一次，牛顿邀请一位好久没有见面的老朋友吃饭。当他热情地端出一盆烧鸡请老朋友品尝时，他忽然想起来，应该请对方喝两盅，于是起身说道："我去拿瓶酒，马上就来。"

可是朋友左等右盼，就是不见牛顿的影子。没有办法，他只好自我犒劳，动手吃起烧鸡来。一直到吃完烧鸡，主人还没有回来，朋友只好自己先走了。

过了好久，牛顿总算回来了，他一见餐桌上杯盘狼藉，便自言自语道："哈，我还以为我没有吃饭呢，其实已经吃过了。"

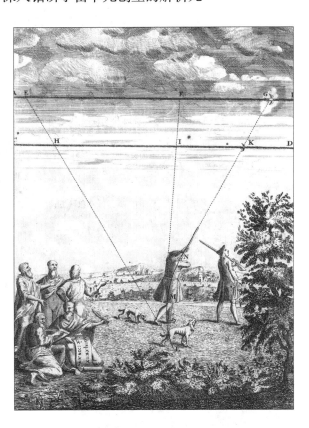

牛顿关于微积分的著作《流数术和无穷级数及其在曲线几何中的应用》卷首插图（美国国会图书馆藏）

1736年，牛顿去世十年后，他关于流数的拉丁文著作《流数术和无穷级数及其在曲线几何中的应用》被译成英文出版，这个版本在"序言"、"第一问题"和"第二问题"部分有剑桥卢卡斯数学教授约翰·柯尔生（1680—1760）的注释。

原来，牛顿去取酒时忽然想起一种新的实验方法，就连忙到实验室里开始了研究工作。这一忙就是大半个下午。等他做完实验回到餐桌旁时，盆子里只剩下几根鸡骨头，老朋友已不知去向，而牛顿也把请客这件事给忘记了。

正是由于这种超乎寻常的专注，他的研究常蕴含着与众不同的奇思妙想，闪烁出智慧的光芒。

一天，牛顿在研究解析几何等数学问题时，忽然灵机一动，尝试把"无限"和"变量"的概念引进数学，成功突破了传统常量数学的框架，创立了令当时的人们难以理解的微积分。

微积分的出现，标志着数学研究进入了崭新的变量数学研究阶段。

17世纪70年代，几乎在牛顿创立微积分的同一时期，远在德国的数学家戈特弗里德·威廉·莱布尼茨也独立地创立了微积分。不过，他们两人的研究侧重点有所不同：牛顿从运动学角度考虑，莱布尼茨则从几何学角度出发；牛顿着重创立微积分的体系和基本方法，而莱布尼茨更关注运算公式的建立与推广。莱布尼茨研究成果的系统性和严谨性不如牛顿，但他所创设的微积分符号，远远优于牛顿使用的符号，这对微积分的发展有着极大的影响。至今人们使用的微积分通用符号，还是莱布尼茨当年采用的。令人遗憾的是，当时关于谁是这门学科的创立者这一问题，竟

德国数学家戈特弗里德·威廉·莱布尼茨画像（英国维尔康姆博物馆藏）

然在数学界引起了一场轩然大波，造成了支持莱布尼茨的欧洲大陆数学家和支持牛顿的英国数学家之间长达几十年的对立。

　　然而，两位当事者并不关注这场争论，依然埋头于各自的研究工作中。鲜花和掌声，以及外界的纷纷扰扰，并没有打搅两位科学巨匠内心的平静。牛顿听到别人的赞美时，总是说："不知世人对我怎样看，我只是觉得自己好像在海滨玩耍的一个小孩子，偶尔很高兴地拾到一颗美丽光滑的贝壳，但真理的大海，我还没有发现。""如果说我所看到的比笛卡儿要远一点，那是因为我站在巨人的肩膀上。"莱布尼茨也虚怀若谷，毫不吝啬对牛顿的赞美之词。1701 年，在柏林宫廷的一次宴会上，普鲁士国王腓特烈一世询问莱布尼茨对牛顿的看法，莱布尼茨说道："有史以来的数学成就中，牛顿贡献了一半以上。"

$$\int_a^b f(x)dx = F(b)-F(a)$$

牛顿－莱布尼茨公式

　　在牛顿和莱布尼茨去世后，国际科学组织经过严谨的考证，最终确认他们两位都是微积分的创立者。

（沙　莉）

源起赌注争执的数学分支

——伯努利等人创立古典概率论的故事

据说在北宋时期，名将狄青曾奉命到广西征讨在邕州的叛军首领侬智高。此前其他将领的数次征讨均以失败告终，军中士气低落。怎么才能激发将士的斗志呢？这成了统帅这支军队的大将狄青亟须破解的难题。决战在即，他问计于军师，但军师均无良策。这时，心事重重的狄青敏锐地注意到西南地区一直盛行祭拜鬼神的民俗。他脑中灵光一闪，计上心来。于是在发兵前，狄青举行了一个场面盛大的拜神仪式。但见他口中念念有词，随即拿出一百枚铜钱，对天祈愿道："胜败乃兵家常事。此次决战，如能取胜，这一百个铜钱将全部正面朝天！"

在左右将士疑惑的目光中，狄青将这些铜钱奋力抛向空中。令人感到不可思议的事情发生了！只见这一百枚铜钱仿佛约好似的，个个都正面朝上落地。消息迅速在军中传开，将士们的精神面貌焕然一新，人人摩拳擦掌，纷纷请战。狄青趁热打铁，下令用早已备好的一百根长铁钉逐一把铜钱牢牢地钉在地上，

用布盖住。他亲自上封，并派专人日夜
看守，同时号令三军：承天之佑，当奋
勇杀敌、建功立业。凯旋之日，再启封
收钱，犒赏英雄。

于是，狄青挥师南进，与侬智高叛
军决战，结果大获全胜，收复邕州。战后，
狄青率军凯旋，来到战前抛钱祈愿处拔
取铜钱，让将士们传看。原来，这一百
枚铜钱是狄青令人特制的——双面花纹
一样，都是正面的花纹！将士们了解真
相后，无不佩服狄青的足智多谋。狄青
抛钱的故事也成了千古美谈。

成功平定叛乱的北宋名将狄青

直到今天，人们还津津乐道狄青的
这个故事，但我们不禁要问，如果狄青抛出的铜钱是一百枚正
反两面不同花纹的真铜钱，那么一次抛撒后全部正面朝上的可
能性究竟有多大？要正确解答这个问题，需要用到数学中概率
论的相关知识。

无独有偶，西方也有一则关于概率的故事。

故事源于一场被赌徒的争执打断的赌博。说的是甲、乙两
名赌徒各有 32 枚金币的赌资，他们进行了一场 7 局的比赛，
约定每局比赛中胜者得 1 分、败者得 0 分，最终得胜者获得全
部赌资。前三局的比分是甲得 2 分、乙得 1 分。这时，赌博突
然中断，后续的赌局无法继续，这导致两名赌徒为如何分配总
额为 64 枚金币的赌资争执起来，谁也无法说服对方。

这件事越闹越大，后来竟然惊动了法国两位著名的数学
家——皮埃尔·德·费马和布莱士·帕斯卡。他们在书信中详

细地探讨了赌资分配的问题。在致帕斯卡的信中，费马认为，假设赌博能再继续进行两局，两名赌徒的得分只有 4 种可能：甲得 2 分、乙不得分，甲先得 1 分、乙后得 1 分，乙先得 1 分、甲后得 1 分，甲不得分、乙得 2 分。那么在这 4 种可能出现的结局中，甲有 3 种可能得到 1 分或 1 分以上，加上原有的得分，毫无争议应获得全部 64 枚金币。但是，甲仍有一种可能被乙将比分扳成平局，没有输赢。因此，费马认为甲应该得到总赌资的四分之三，即 48 枚金币，而乙只能得到总赌资的四分之一，即 16 枚金币。在给费马的回信中，帕斯卡认同费马的计算结果，但提出计算过程可以大幅度简化。他认为只要假设两名赌徒再继续 1 局比赛就可以分出胜负。如果甲再赢 1 局，总比分变成 3:1，甲获得全部 64 枚金币；如果乙再赢 1 局，则总比分变成 2:2，甲、乙双方各自取回 32 枚金币。这样一来，从甲的角度出发，即使输掉这一局比赛，他仍有 32 枚金币，赌局胜负的可能各半，那么新增的这一局比赛甲赢得的赌资为 16 枚金币，因此如果比赛不继续，甲可以取得 48 枚金币（32+16）。从乙的角度出发，只有赢得这一局比赛，他才能取得 32 枚金币，否则所得为 0，赌局的胜负可能各半，因此赢下新增的这一局比赛所获得的赌资仍为 16 枚金币（32/2）。1654 年，帕斯卡在他的数学名著《算术三角形》中构建了帕斯卡三角形，正式用数学归纳法解决了上述赌资分配问题，古典概率论雏形初显。

现在，让我们再来思考狄青抛撒百枚铜钱均正面朝上的可能性。在 17 世纪，瑞士著名数学家雅各布·伯努利做过成千上万次的硬币抛撒实验，并记录下了实验结果。他发现，抛撒硬币的总次数越多，出现正面的次数占比越接近于 50%。因此，伯努利提出，概率是在不受其他外部因素影响时，事件不断重复出现次数与总事件次数之比。这个定律被称作"伯努利大数定律"，成为古典概率论的基础。

在伯努利去世后出版的著作《猜度术》中，大数定律被表达为：如果人们能够将一切事件永远地观察下去，人们终将发现，世界上的一切事物都受因果律的支配，人们也一定会透过看似杂乱无序的现象认识到某种必然。到了 18 世纪，法国数学家皮埃尔·西蒙·拉普拉斯又为概率论做出了重要贡献。他认为抛撒硬币出现正、反两面的概率大致相同。抛撒后的硬币落地要

瑞士数学家雅各布·伯努利

么是正面，要么是反面，这是一定会发生的事件，可以用 1 来表示。那么，单次抛撒硬币出现正面或反面的概率就是 0.5。回到狄青的故事，如果他抛撒的是有正、反两面的 100 枚铜钱，出现全部正面朝上的概率就是 0.5 的 100 次方！这是一个极小的概率。

就这样，从被中止的赌局中的赌资分配争执开始，经过帕斯卡、伯努利、拉普拉斯等几代数学家的努力，概率论这门有别于数学传统三大分支（代数、几何和分析学）的重要分支终于被创立起来。今天，概率论在人类社会生产和生活的各个方面都起到越来越重要的作用。

（沙　莉）

轰动数学界的中学生论文

——伽罗瓦创立代数群论的故事

纵观技术发明史与科学发现史，人们发现重大科学发现与发明创造大多出于三四十岁的科学家之手。在这一年龄段，科学家已经具备扎实的理论知识，形成了一套行之有效的研究方法，胸怀喷薄欲出的创造激情，因此智慧的火花常常能点燃科学的火炬。但是，凡事都不是绝对的。有一位中学生仅在 17 岁的时候就创立了代数学的新理论，让全世界的数学家惊讶不已，佩服得五体投地。

这位中学生名叫埃瓦里斯特·伽罗瓦。1811 年 10 月，伽罗瓦出生于法国皇后镇。他从小就很喜欢数学，对他来说，古老神秘的阿拉伯数字、变幻无穷的运算法则都充满了神奇的魅力。在跨入中学校门时，他的数学水平已远在老师之上，老师讲的内容已经无法满足他强烈的求知欲。于是，他抛开课本，一头扎进欧拉、高斯等数学大师的著作中。

一位中学生要想攀登数学王国里的高峰谈何容易，许多新

名词、新定理常让他摸不着头脑。但是，
伽罗瓦并不退却，他一个难题一个难题地
攻克，终于登上了大师们垒筑的数学之巅。
站在峰顶，他看到了数学王国里旖旎的风
光——他想要登上更高的山峰，一座无人
敢涉足的山峰。1828 年，身为中学生的伽
罗瓦向法国最高科学研究机构——巴黎科
学院递交了一篇论文，然后战战兢兢地等
待大数学家们对他这篇论文的"审判"。

法国数学家埃瓦里斯特·伽罗瓦

　　可是，一年过去了，寄出的论文石沉
大海，毫无音讯。经过打听，他才知道了
事情的原委。

　　原来，法国数学界泰斗奥古斯丁·路易·柯西收到伽罗瓦
的论文后，漫不经心地将它搁在一边。直到巴黎科学院举行审
查会准备讨论伽罗瓦的论文时，柯西才发现把它搞丢了。

　　"真是个糊涂的数学家！"伽罗瓦轻轻地埋怨一句，又重
新撰写了论文，并再次将论文寄往巴黎科学院。

　　巴黎科学院院士、世界著名数学家让·巴蒂斯特·约瑟夫·傅
立叶看了伽罗瓦的论文后颇感兴趣，建议举行一次专门会议审
查这篇中学生的论文。可是，天有不测风云。1830 年，傅立
叶不幸病逝。在傅立叶堆积如山的遗稿中，有谁会注意一个中
学生的论文呢！自然，他的论文又石沉大海了。

　　伽罗瓦渴望得到权威数学家的指点与认可，于是，他又写
出了一篇论文，又一次将它寄往巴黎科学院。

　　这一年，伽罗瓦考取了一所学校的预科生，这所学校就是
后来的巴黎高等师范学院。7 月，法国爆发了针对国王查理十

世统治的抗议游行。紧跟时事的伽罗瓦抛开手头的研究工作，义无反顾地投身革命斗争。他领着同学们示威游行，反对校长的独裁径行。恼羞成怒的校长将他开除了。

次年的 5 月，伽罗瓦被逮捕，其罪名是"煽动谋害法兰西国王未遂罪"。经过几天的审讯，官方没有获得什么证据，只好将他释放。

伽罗瓦哪肯退却。释放出来不久，他又走上街头游行，结果再次被捕，从 7 月一直到 10 月，都被关押在圣彼拉吉监狱。由于上诉失败，他被判处 6 个月监禁。在监狱里，他又重操旧业，继续研究数学。

伽罗瓦期满出狱后才被告知：他寄往科学院的第三篇论文，虽比前两次幸运没有丢失，但由于被权威的大数学家评价为"内容不可理解"而遭到了否定！

伽罗瓦对"权威"失去了信心。经过反思，他对自己的研究成果及研究方向充满信心。他认定自己选择的路线没有错——他要继续沿着这条路走下去。

可令人遗憾的是，在1832年5月的一次毫无意义的决斗中，21 岁的伽罗瓦被子弹击中腹部，英年早逝。

在他去世后的第 14 年，数学家们无意中看到伽罗瓦的数学手稿，发现他的论文不落俗套、立意新颖，已经建构起崭新的近代数学理论——群论的框架，并深刻地阐明了群论的基本理论。数学家们至此才明白：早在 16 年前，处于中学时代的伽罗瓦就已经创立了新的群论理论，可以算是一位杰出的数学家了，也难怪他的论文让当时的权威专家都看不懂。于是，为了纪念这位天才数学家，人们将代数群论称为伽罗瓦理论。

（刘宜学）

摘取数学皇冠上的 "明珠"

——陈景润创立陈氏定理的故事

　　1973 年, 国际数学界发生了一场"地震": 数学皇冠上的"明珠"——哥德巴赫猜想, 被一位年仅 40 岁的名叫陈景润的中国人求证至最后一步, 陈景润离最后摘取这颗璀璨的"明珠"仅有一步之遥。

　　那么, 哥德巴赫猜想是怎么回事?

　　原来, 哥德巴赫是 18 世纪德国的一位数学家。在常年对数学理论的研究中, 他惊异地发现: 任何一个大于 2 的整数都可写成三个质数之和 (当时 1 也被认为是质数)。在日复一日的检验中, 哥德巴赫一而再、再而三地证实了这个猜想。但是, 数学猜想必须经过严格的证明才能成为定理, 而不能仅仅以个别数据演算来检验。于是, 哥德巴赫开始了艰难的求证, 然而, 每次尝试都是徒劳无功。

　　当时, 世界著名的数学权威、瑞士的大数学家莱昂哈德·欧拉居住在德国。1742 年, 在一筹莫展之际, 哥德巴赫写信给欧拉，请求他帮助证明自己的猜想。这激起欧拉极大的兴趣，他在回信中提出了哥德巴赫猜想的另一等价版本：任一大于 2 的偶数，都可写成两个质数之和。这就是人们常说的 1+1。然而一直到去世，欧拉也无法证明这一猜想，尽管他始终认为哥德巴赫的猜想是正确的。

这么一来，哥德巴赫提出的这个猜想就闻名于数学界了。因为它还没有被证实，所以一直被称为哥德巴赫猜想。170 多年间，世界上许多数学家都力图寻找有效的证明方法，但在很长一段时间里都没有取得突破性进展。由此，哥德巴赫猜想"身价"日增，被誉为"数学皇冠上的明珠"，可望而不可即。20 世纪 20 年代，挪威数学家维果·布朗开始采用"筛法"对此展开研究。受此启发，数学家们从"9+9"开始求证，逐步减少每个数中的质数因子，希望有朝一日一举证明"1+1"！从 1924 年开始，外国和中国的数学家们先后证明了"7+7""6+6""5+5""1+4""1+3"等，直到 1973 年，年仅 40 岁的中国数学家陈景润证明了"1+2"，这被认为是迄今为止最好的证明结果。

可是，陈景润又是怎样无限接近这颗璀璨"明珠"的呢？

1933 年，陈景润出生于福建省闽侯县，从小就被数学占据了整个心灵。高中时，他就听说哥德巴赫猜想的证明一直无人完成。1953 年秋，他从厦门大学数学系毕业后被分配到北京一所中学任教。一年后，他又回到了厦门大学，在校长的安排下，在图书馆任管理员。

陈景润从未忘记那颗神秘而诱人的"皇冠上的明珠"，同时他也深知，以自己目前的实力还不能踏上那条散发着玫瑰光晕却又布满荆棘的征服之路。于是，他一头扎进了知识的海洋中，认真研读古今中外各种数学论著。

1956 年，陈景润开始在数学界初露锋芒，受到我国权威数学家华罗庚教授的充分肯定。第二年，在华罗庚的引荐下，陈景润被调至中国科学院数学研究所工作。

中国科学院数学研究所为陈景润提供了当时我

正在伏案工作的中国著名数学家陈景润

国最好的科研环境。这时，那颗"皇冠上的明珠"在他心里比以往任何时候都更加耀眼夺目。但他知道，要想获得成功，唯有付出艰辛的劳动。他暗自立下誓言："我一定要努力，努力，再努力！决不辜负国家和人民对我的期望。"

于是，他几乎将所有的时间都用在学习和研究工作上，辛勤耕耘在数学的田野上。

日月相代，年复一年，陈景润勤劳的汗水终于滋养出了胜利的花朵。在 1966 年 5 月出版的第 9 期《科学通报》上，33 岁的陈景润发表了《表大偶数为一个素数及一个不超过二个素数的乘积之和》，提出他对哥德巴赫猜想中"1+2"的一个简单证明。这个证明在当时世界上已居于领先地位，但他并没有就此满足。他说："我初步证明了'1+2'，这一结果是正确的。但我是走远路，绕道到达的，我还要找出一条最近而且正确的道路。"

1973 年 3 月出版的《中国科学》刊登了陈景润那篇震撼

世界的论文——《大偶数表为一个素数及一个不超过二个素数的乘积之和》。在文中，他提出每一充分大的偶数是一个素数及一个不超过两个素数乘积之和，而后者仅仅是两个素数的乘积。也就是说，哥德巴赫猜想已被证明到"1+2"。当时，世界著名的英国数学家哈勃斯丹和德国数学家李希特在获悉陈景润的这一成果之后，立即在他们即将付印的《筛法》一书中增加新的一章对此予以阐述，并将其命名为"陈氏定理"。

（沙　莉）

物理

微信扫一扫　科学早听到

金皇冠上的秘密

——阿基米德发现浮力定律的故事

阿基米德画像（莱蒙蒂尼刻，英国维尔康姆博物馆藏）

"给我一个支点，我可以撬动整个地球！"

发出这番惊天动地的豪言壮语的，不是什么大力士，而是一位文弱的科学家，他的名字叫阿基米德。阿基米德生于叙拉古王国，是古希腊著名的哲学家、数学家、物理学家。在他晚年的时候，古罗马帝国兵临叙拉古城下，潮水一般涌来的古罗马军队将叙拉古城围得水泄不通。面对强敌压境，叙拉古人奋起反抗，时已年迈的阿基米德也不例外。他爱叙拉古，爱他的家园，爱自己的同胞。于是，他利用自己的聪明才智，根据所掌握的机械技术设计了许多御敌装置，协助军队一次又一次地挫败了敌人的进攻。

但是，由于敌人太过强大，叙拉古城最终被攻破，罗马军队从城墙缺口潮水般涌进了叙拉古城。

进城后，罗马士兵并不急于占领王宫，而是直扑阿基米德的住所，因为他们对阿基米德的惧怕远远超过对叙拉古国王的惧怕。他们深知，阿基米德足智多谋又富于爱国热情，不把他除掉，甭想彻底征服叙拉古王国。

当粗暴的罗马士兵一脚踢开阿基米德的房门时，屋里面静悄悄的，罗马士兵还以为阿基米德正在梦乡当中呢！他们仔细一瞧，床上空荡荡的，地上蹲着一位两腮长满花白胡子的老人。老人正用双手托着下巴，聚精会神地对着地板陷入沉思——他纹丝不动。

原来，这位年逾古稀的大科学家通宵未眠，正在思考画在地上的几何图形，以至于连罗马士兵站在跟前他都浑然不知。

直到寒光闪闪的利剑碰到阿基米德的鼻尖时，这位老科学家才从数学的迷梦中惊醒。他一下子明白了发生了什么事情，但他毫无惧色。只见阿基米德轻轻地用手推开了利剑，异常平静地说：“等一下砍我的头，再给我一会儿工夫，让我把这条几何定律证明完。可不能给后人留下一道还没有求解出来的难题啊！”

可话音刚落，寒光一闪，一颗充满智慧的头颅被砍了下来，一代科学巨匠遗憾地倒在地上。血流如注，淹没了他画在地上的几何图形。然而，侵略者的屠刀能够砍下阿基米德的脑袋，却无法砍去他在科学上的卓越功绩。今天，少年朋友们在校园里学习阿基米德浮力定律的时候，总会听到老师们津津有味地讲起那顶金皇冠上的秘密。

原来，当时在欧洲地中海的西西里岛上有一位国王，请一位金匠用纯金为他做了顶皇冠。皇冠璀璨夺目，十分精致。但是有人说这皇冠不是纯金打造的，里面掺有别的金属。闻听此言，国王勃然大怒，将金匠抓来拷问。但金匠一口咬定皇冠是用纯金制作的，没有掺假。国王命人用秤去称，结果质量也跟原来的纯金相等。

国王找不到别的证据，只好先将金匠关进牢里，再行处置。他把当时著名的科学家阿基米德召来，让他来判定这个金皇冠是否掺假。

阿基米德苦思冥想，却一筹莫展。有一天下午，他实在累了，便在浴盆里放了大半盆热水，想洗个澡，提提精神。他一坐进浴盆，顿时觉得浑身舒畅，盆里的水哗哗地溢了出来。他想，可能这次水放太多了。当他站起身来，盆里的水又一下子降了下去。

这种司空见惯的现象让阿基米德觉得奇怪。他又重重地坐了下去，这时水又往上升，并且漫过盆沿溢了出来。就这样，阿基米德像顽童戏水一样，坐下又站起，站起又坐下，水一次又一次地涨起，下降，涨起，下降。突然，他眼前一亮，霍地跳出浴盆，光着身子奔到大街上，大声呼喊道："我知道了！我知道了！"

街上行人见他一丝不挂、欣

阿基米德正从浴盆中站起身，口中喊着"Eureka"（我找到了）（17世纪画家乔治·米歇尔绘，英国维尔康姆博物馆藏）

喜若狂、大喊大叫，都以为他疯了。其实，他只是一时激动，几乎忘记了周围世界的存在。

阿基米德穿上衣服，直奔王宫，当着国王的面做起实验来。

根据阿基米德的要求，国王派人取来一块质量和金皇冠一样的金锭。阿基米德将金锭和金皇冠依次放进同样大小的盛满水的罐子里。当水从罐子里溢出来的时候，他用小碗分别把水接住。最后，他将这两碗水进行比较，发现溢出来的水并不一样多。

阿基米德请国王让人把金匠押来，让金匠看了一遍他所做的实验。金匠还想抵赖。阿基米德说："在科学面前，请你还是说实话吧。这个金皇冠和金锭一样重，如果皇冠也是纯金的，两者的体积应该一样，那么它们所排出的水的体积也应该相等。可现在皇冠所排出的水明显比金锭所排出的多，这就说明，皇冠不是纯金的！"

在事实面前，金匠低下了头，承认他将铜掺在皇冠里面，换下了一些黄金。

阿基米德所发现的浮力定律被人们称作阿基米德定律，它在科学史上的意义远远超过了鉴定金皇冠是否掺假这件事本身。今天，在海上遨游的舰船、在水底游弋的潜艇，无不遵循阿基米德定律所揭示的科学规律。

（沙　莉）

教堂大吊灯的启示

——伽利略发现单摆等时定律的故事

"当！当！当！"这是摆钟整点报时的声音。

今天，电子表、石英钟等各种各样的钟表异彩纷呈，但是，人们依然忘不了古老的机械摆钟。摆钟的发明者是荷兰物理学家、数学家、天文学家克里斯蒂安·惠更斯，但他在制造摆钟的过程中运用的原理是意大利著名物理学家、天文学家伽利略·伽利雷创立的等时性定律。

伽利略·伽利雷，1564 年出生于意大利比萨城。他的父亲接受过良好的教育，因此十分重视对孩子的培养。

1581 年，伽利略中学毕业了。一天，父亲对他说：

"孩子，我准备送你去比萨大学念书。你愿意学医还是学经济？"

当时，对机械情有独钟的伽利略答道：

"不，爸爸。我不喜欢当医生，也不喜欢经商。我想从事机械制造。"

意大利天文学家、物理学家，欧洲近代自然科学的创始人伽利略·伽利雷画像（美国国会图书馆藏）

父亲显得有些失望，生气地说：

"学机械将来能有什么前途？不行，你要么去学医，要么经商！你是我的儿子，就得听从我的安排！"

就这样，17岁的伽利略被送进了比萨大学攻读医学。在这里，少年伽利略对医学专业毫无兴趣，开始钻研自己心爱的数学，积累了丰富的数学知识。

有一天，他和朋友们一起到比萨大教堂。突然，一阵风吹进来，伽利略被头顶上随风而起的响声所吸引，不由得抬头望去，原来是教堂屋顶的吊灯被风吹得来回摆动。

自幼对机械感兴趣的伽利略被来回摆动的吊灯迷住了，他开始专心致志地观察吊灯的摆动。

看着看着，伽利略忽然发现，这吊灯来回摆动得太有节奏了。凭着直觉，他感到尽管吊灯摆动的幅度逐渐变小，但摆动一次往返所需要的时间是一样的。

这时，又一阵风吹进教堂，吊灯的摆动幅度更大了。伽利略很想测量一下它每次摆动时往返所需要的时间，验证自己的直觉是否正确。可当时根本就没有钟表来计时，这可怎么办呢？

《恒星使者》中的月球表面插图

1609 年，伽利略改进了一架
能够放大 30 倍的望远镜，并用这
架望远镜做出了许多惊人的天文
学发现，比如月球表面因多山而
显得坑洼不平，木星被四颗他称
为"美第奇行星"的卫星环绕，
等等。这些天文大发现，伽利略
都写进了他于 1610 年 3 月在威尼
斯出版的著作《恒星使者》中。

伽利略与天文奇观

面对宇宙、世界的无穷奥秘，伟大的物理学家、天文学家伽利略从未停下探索的脚步。在这幅创作于1655年的版画中，伽利略正一边将他的望远镜递给坐在宝座上的三位妇女，一边指向天空。在天空中，画作以艺术化的手法呈现了伽利略对宇宙奥秘的神奇发现。（美国国会图书馆藏）

这时，他想起医学老师说过，在正常情况下，人的脉搏跳动速度是均匀稳定的，那么用脉搏跳动的次数作计时参照，不就可以测知吊灯摆动往返所需的时间了吗?

伽利略立即用右手按住了左手的脉搏，心中默数着在吊灯的每一个往返过程中脉搏跳动的次数。吊灯摆动的幅度越来越小，每次摆动时他所数到的脉搏次数却都是一样的。也就是说，吊灯的摆动具有等时性特点。

回到家里，伽利略又找来一根绳子，在绳子一端系上一个重物，将重物悬吊起来让它来回摆动。经过细致的观察和测量，他进一步发现：物体摆动一次所用的时间跟物体的质量没有关系，而与摆长有关。

就这样，善于观察、勤于思考的伽利略从一个很常见的现象中得到了启示。经过反复验证，他终于发现了一项重要的物理定律——单摆等时性定律。不久，他就运用这一原理发明了脉搏计。

后来，惠更斯运用这一原理成功制造出了机械摆钟。直到今天，伽利略创立的单摆等时性定律仍在时钟计时、测算日食和推算星体运动等领域被广泛应用。

（沙　莉）

"大自然讨厌真空"

——格里克、托里拆利实证
和测定大气压的故事

  1654 年的一天，德国东南部的雷根斯堡市的广场上异常喧闹。原来，皇帝斐迪南三世将大驾光临，观看一位名叫奥托·冯·格里克的人进行的表演。

  什么表演这么好看，居然把皇帝都吸引来了。人们议论纷纷，都想一睹这场不平凡的表演。一时间,雷根斯堡市万人空巷，人们倾城而出，密密匝匝地围聚在市中心的广场上。广场上站着 16 匹雄赳赳气昂昂的骏马，分成左右两队，每队各有 8 匹马。两队骏马彼此相背，用铁链和绳索牵引着中间一个直径为50 厘米的铜球。铜球是表演者格里克事先在铁器店里定做的，由两个半球合拢而成，中间是空心的。两个半球的边缘经过精心打磨，显得十分平整，因此能紧密地结合在一起而不会使铜球漏气。表演之前，格里克先用自己发明的抽气机将铜球内的空气全部抽光，让铜球里面形成真空。

　　"开始!"格里克一声令下,只听两边的马夫"啪!啪!"地甩响马鞭,策马往各自的方向奔去。谁知这些骏马使足了劲儿往前拉,却怎么也无法将那两个半球分开。

　　皇帝看呆了,老百姓们也傻了眼,他们怎么也想不到这16匹高头大马居然拉不开这两个紧紧贴合在一起的半球!更令人费解的是,格里克让骏马停下来后,拿起铜球,轻轻地拧动开关。只听"哧"的一声,铜球竟被轻而易举地分开了。

　　格里克向大家解释道:"其实这里面也没有什么魔力。铜球里面的空气被完全抽走后,球面所受到的大气压力就将两个半球紧紧地挤压在一起。而一旦让空气再回到铜球里面,铜球

这幅1672年出版的版画生动描绘了1654年那场实验的场景,在画面上部有对真空铜球构造的详细图解(美国国会图书馆藏)

格里克著作《马德堡的
新的真空实验》插图（美国
国会图书馆藏）

内外压力相等，就很容易将它们分开了。"

大气压真是神奇无比！

就这样，格里克以极其生动形象的演示让人们了解到大气
压的真实存在。由于他时任马德堡市长，该实验即以"马德堡
半球实验"闻名于世。

可是，大气压究竟有多大呢？其实，早在格里克的实验之前，
就有不少科学家对此进行了卓有成效的探索。

意大利著名科学家伽利略·伽利雷早就注意到空气有质
量这一事实。他做过一个实验：将一个装有空气的瓶子密封
起来，放到天平上与另一端的一小堆细沙保持平衡；然后，
设法用打气筒往这只瓶子里打进更多的空气，再加以密封。
结果发现，瓶子比以前重了一些，必须在沙堆里再加上一两

粒细沙才能保持天平的平衡。显然,瓶子变重是因为里面的空气增加了。因此,伽利略断言:空气是有质量的,尽管它的密度很小。

空气的质量可以通过称量得到证实,对其进一步的测定却导源于人们对真空现象的认识和利用。

古希腊著名学者亚里士多德有一句名言:"大自然讨厌真空。"意思是在大自然中,空气无所不在。一旦真空出现,就像"水往低处流"那样,空气也会涌向真空去填补空间。乍一听,这句名言似乎可以解释这么一种现象,即人们用虹吸管来输送水。因为大自然不允许真空的存在,因此,虹吸管中的空气一旦被抽走,水就像空气那样涌过来填充管内空间,这样就能实现水的输送。

但是,新的问题接踵而至。一旦虹吸管跨越高度为 10 米以上的山坡时,水就输送不上去了。这是为什么呢?伽利略说,这是因为大自然对真空的"厌恶"也有某种限度——10 米以上的真空,它就不再厌恶了。显然,这种解释不够准确,甚至有些牵强附会。那么,问题的本质是什么呢?!

后来,伽利略的学生埃万杰利斯塔·托里拆利天才般地提出:空气有质量就自然而然会产生压力,就像水会产生压力和浮力一样。虹吸现象的产生正是因为空气的压力将水往管子里压,可一旦压到 10 米的高度时,水柱的压力和大气的压力两者持平,水就再也压不上去了。

这时,你也许会脱口而出:"那么,大气压力不就等于 10 米水柱的压力吗?"

你说得对!为了证实这一点,托里拆利和他的助手设计了一个简单而又精巧的实验。因为测定 10 米高的水柱压力极不方便，托里拆利采用了密度约为水密度 13.6 倍的水银。他特制了一根约 1 米长的玻璃管，将一端封闭起来，使另一端保持开口。然后他将水银灌入管内，用手指摁住开口的一端，再将管子颠倒过来放进盛满水银的大瓷碗中，最后放开手指。这时，管里的水银很快下降，流到碗里，但是当下降到距碗里的水银表面还有约 76 厘米时，它便稳稳地停住了。稍微换算一下，我们就可以知道 76 厘米高的水银柱产生的压强，正好和 10 米水柱产生的压强相等。这根灌有水银的玻璃管便是现代气压计的雏形。今天，大气压的存在已经成为常识。我们将钢笔伸进墨水瓶里吸取墨水时，或者用麦管汲饮汽水时，都是大气压在帮我们的忙。在我们生存的地球上，大气压几乎无处不在、无时不在。

（沙　莉）

揭开光谱的奥秘

——牛顿创立白光构成新理论的故事

说到艾萨克·牛顿，人们总是津津乐道那些发生在这位卓越的英国科学家身上的故事。

据说在一个寒冷的冬夜，牛顿搬了张带扶手的椅子坐在火炉边，专心致志地计算着光的波动公式。炉火越烧越旺，牛顿的脸上已经沁出一层密密的汗珠。他抬头望了望炉火，摇了摇脑袋，又俯下身子计算起来。过了一会儿，火烧得更旺了，腾起的热气将牛顿的脸烤得通红，贴身的衣衫也被汗浸湿了。他觉得实在难以忍受，便按铃招呼仆人，偏偏仆人此时不在。面对着那只巨大的火炉，牛顿显得束手无策，只好忍受着炉火的炙烤，继续他的研究。

等到仆人赶来，牛顿已是热汗涔涔了。他高声斥责仆人："你到哪儿去了？快把炉子移远一点。看，我都要被烤出油来了！"

仆人站在炉边一语不发，牛顿又叫道："怎么啦？笨蛋，这有什么好想的，你把炉子移后一些就成了。"

仆人终于开口了。他不无惊讶地说："先生，炉子这么重，又热得烫人，三个人也抬不动，您为什么不把椅子向后移一些呢？"

"对呀！我怎么没想到呢？"牛顿习惯性地搔了搔头皮，笑着说道。过了一会儿，他又像突然想起什么似的说道："哦，对不起，错怪你了。你不是笨蛋，我才是。"

仆人也笑了起来，他深知主人的性格。

正是这位自称"笨蛋"的伟人，总结出了力学"三大定律"，奠定了近代经典力学的基石。尤其值得一提的是，他做了著名的"判决性实验"，发现"白光是由各种色光混合而成的"这一真理，对光谱的形成做出了科学合理的解释。这项重大的发现随即被广泛应用于一系列重要的领域中，加速了光学物理研究的发展。

自古以来，人们就不断思考这个问题：在色彩斑斓、光怪陆离的世界里，怎么解释这缤纷色彩的来源？古希腊学者亚里士多德认为，各种不同的颜色是由照射到物体上的亮光和暗光按照不同的比例混合而成的。显然，这种解释并不能让人满意。

后来，随着显微镜的发明，人们对光的研究逐渐深入，各种新式的光学元件都被用于观察五花八门的光学现象。凸透镜能将细小的物体放大，凹透镜则可以将大的东西缩小，而三棱镜就更奇妙了，它能将一束阳光折射成一条色带，每种颜色根据可折射程度从小到大依次按照红、橙、黄、绿、蓝、靛、紫的顺序排列，这条色带后来被人们称为"光谱"。

为什么白色的阳光透过三棱镜后会变成七彩色带？当时比

较流行的一种说法是：从太阳表面不同点发出的光进入棱镜时角度各不相同，结果造成三棱镜对这些光线折射的不同，从而形成不同的颜色。

在光学研究上颇有造诣的科学家牛顿对此深感怀疑。为了判定太阳光谱的形成是不是由于入射角度的不同，他于1666年购买了两个质量很好的光学三棱镜，并精心设计了一个"判决性实验"。

首先，牛顿将房间的百叶窗放下，房内顿时暗了下来。护窗板上有一个事先挖好的较宽的洞，外面的阳光通过这个洞投射在三棱镜上，透过棱镜后，白光散成一条彩带投射在牛顿设置的白板上。白板中间开有一个直径约为0.7厘米的圆孔，牛顿随后将棱镜不断转动，使光谱中的红、橙、黄、绿、蓝、靛、紫七条色带依次通过圆孔。在白板后面约3.6米处，牛顿又设置了一道白板，在上面同样开一个直径约为0.7厘米的圆孔，又在这第二块白板后设置了一个固定的三棱镜。每条色带依次通过第二个白板上的圆孔，再经过第二个三棱镜折射，最后投射在墙上。这时，意想不到的现象出现了，墙上只出现高度不

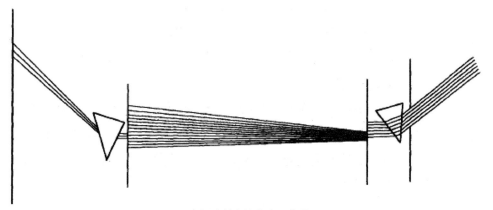

牛顿的判决性实验示意图

同的单色光，不再出现七色光谱。

显然，那种关于光谱形成是由于光在入射时角度不同，而导致棱镜对它的折射不同的说法站不住脚。因为各色光从圆孔投射到第二个固定棱镜时的入射角相同，但第二个棱镜对每种单色光的折射率依然不同，其中红色光折射率最小，紫色光折射率最大，并且每种单色光的颜色依然保持不变。

那么，如何正确解释太阳光（白光）通过三棱镜后形成光谱的现象呢？经过一番思考，牛顿得出以下结论：白光是由折射能力各不相同的色光混合而成的。当白光透过棱镜时，各种色光由于折射能力不同，于是"各奔前程"，彼此分离而形成一条七彩色带；对于其中一种色光而言，由于它已经是单一成分，因此即使再透过棱镜也不会造成色散，依然"保持本色"，只不过折射得更厉害一些而已。

牛顿的这一发现宣判了旧光学理论的"死刑"，然而，他并没有就此止步，而是回到实验室，又设计了一个"支持性实验"，使光学研究迎来了新理论的诞生。牛顿在这次实验中用一只很大的凸透镜代替了第二个棱镜，结果经过第一个棱镜色散后的光谱投射到凸透镜上，七种颜色的光最终汇聚成了一束白光！这个实验雄辩地证实：白光是由这些色光混合而成的。

牛顿终于揭开了光谱的奥秘。在提出白光构成的新理论后，他马上将这一理论运用到望远镜的改进工作上，制成了世界上第一架反射望远镜，大大减少了当时折射望远镜产生的严重影响观测准确性的色差。

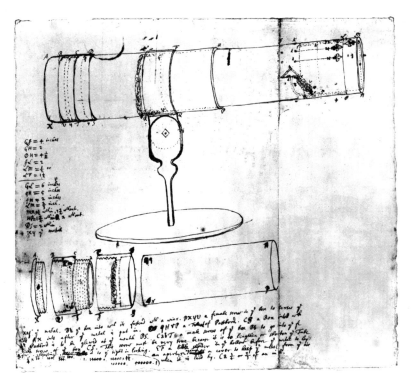

牛顿绘制的反射望远镜的构造图解（美国国会图书馆藏）

　　牛顿实验的成功，为现代大型光学天文望远镜的研制奠定了坚实的基础。

（沙　莉）

"苹果为什么不往天上掉？"

——牛顿发现万有引力的故事

"天 哪!这么个小不点儿,简直可以把他塞进杯子里去!"接生婆摆弄着满身血污的小生命惊讶地嚷道。

这时恰好是旧历 1642 年圣诞节的一个清晨,英国东部林肯郡伍尔斯索普庄园教堂的大钟敲响了。这个早产的男婴随着教堂的钟声降临到人世间,他的哭声是那么的微弱,体重也仅及正常婴儿的一半。

尤其不幸的是,婴儿的父亲在他出生前几个月就去世了。出于对亡夫的思念,母亲给这个婴儿取了个与他父亲一样的名字——艾萨克·牛顿。

这个苦命的遗腹子显然有些先天不足,亲戚们见他体弱多病,都担心他不能长大成人。出乎意料的是,这个婴儿不但活了下来,而且活到了 84 岁。更重要的是,在他传奇的一生中,他将自己的一切都献给了科学,并在物理学、数学、天文学等领域做出了巨大的贡献,被后人称作百科全书式的全才。

　　1665 年，23 岁的牛顿从剑桥大学三一学院毕业，并留在了大学研究室。但就在这年 8 月，鼠疫流行，学校被迫停课放假，牛顿回到了伍尔斯索普躲避瘟疫。从 1665 年到 1666 年，这是近代科学史上极其辉煌的两年，也是牛顿创造发明的"黄金时期"，他后来提出的三大运动定律就是在这一时期萌芽的。

　　在古希腊，人们把所观察到的运动分作三类：地面上的物体运动、落体运动和天体运动。亚里士多德对这三类运动的原因都做过说明，他认为：力是地面上物体运动的原因；地球是宇宙的中心，所以物体落向地球；天体与地面上的物体不同，它们的特殊性使它们保持永恒的运动。

　　牛顿知道，伽利略对亚里士多德的前两种解释做出了否定的结论，但亚里士多德的天体运动理论对不对呢？哥白尼提出了地球绕日运转的理论，开普勒找到了行星运转的规律，伽利略用望远镜观测结果证实了行星的运转轨迹。但是它们为什么要那样运转？对此谁也没有做出过明确的回答。

　　为了解开这个谜团，牛顿翻遍了所有关于天体运行的书籍，却仅仅找到了一些在科学上站不住脚的近乎幻想的说法。亚里士多德认为天体完美的永恒的圆周运动起源于神的精神力量，哥白尼认为引力是神按照自己的意志给予物质各部分的自然属性。开普勒认为月球被地球牵引着，同时月球也吸引着地球上的海水；太阳那里有一只肉眼看不见的巨大的手伸向行星，拉着这些行星跟太阳一起旋转。

　　天体运行难道真是引力作用的结果？引力又是什么呢？牛顿一直在思考这些问题。

　　据说有一天傍晚，沉思中的牛顿下意识地向后院的苹果园走去。园子里，苹果树上挂满了成熟的苹果，空气中充满沁人心脾的果香。对此，牛顿却全然不觉。

突然，"吧嗒"一声，树上一个熟透了的苹果被风吹落在地上。牛顿脑中忽然灵光一现：咦？苹果为什么不往天上掉？难道是地球的引力在吸引着它？

牛顿抓住这点灵感，想到：如果一个人站在山崖上，把一块石头轻轻地抛出，石头就会落到不远处的地上；如果他用的力更大，石头就会落得更远；若力足够大时，这石头就将不再落到地面上，而是围绕地球旋转起来；要是地球没有引力，这石头就会朝着他抛出的方向照直飞去。

依据这样的联想，牛顿开始考虑"重力延伸到月球轨道"的问题：月球以一定的距离绕地球转动，就是因为它总是处于向地球下落的状态。引力就像一根一头拿在小孩手中，一头拴着小石头的绳子一样，牵引着月球转圈。

漫画《万有引力定律的发现》（美国国会图书馆藏）

1910 年 10 月 5 日在纽约出版的一份杂志上刊载了一幅由画家路易斯·格拉肯斯创作的漫画《万有引力定律的发现》。漫画创意十足地将触发牛顿灵感的苹果，换成 20 世纪初莱特兄弟试飞失败时驾驶的飞机。

想到这儿，牛顿豁然开朗：只要证明地球对月球的吸引力确实就是月球绕地球运行所需的向心力，那么各种天体间都有相互吸引力的结论就是正确的了。顺着这条思路，牛顿进行了细致的观察和大量严密的计算，终于在 1687 年发表的《自然哲学的数学原理》中确立了引力定律。在牛顿看来，地球吸引苹果的力和地球使月球围绕自己转动的力，以及太阳使行星围绕自己转动的力，其本质都是相同的。古希腊人说的三类运动实际上受同一规律支配，天地万物的运动用这一个规律就可以统一起来。

　　就这样，牛顿完成了人类自然科学史上的第一次理论大综合，把人们过去认为彼此不相干的地球上物体的运动与天上天体的运动统一在一个严密的理论之中。由于牛顿的引力定律证明不论天上地下，任何两个物体之间都具有这种引力，所以人们又把这种力叫作万有引力。作为最重要的科学定律之一，万有引力定律已成为整个经典物理学研究发展的基石。

　　伟大的牛顿以敏锐的眼光，从人们习以为常的苹果落地的现象中，捕捉到了真理之光。

（沙　莉）

蝙蝠的启示

——斯帕拉捷发现超声波的故事

意大利著名博物学家、生理学家和实验生理学家拉扎罗·斯帕拉捷画像（荷兰国立博物馆藏）

在现代科技中，航空、航海、工业和医学等许多领域都离不开超声波。可是，你也许想象不到，为科学发展开辟了如此广阔天地的超声波，它的发现历经了20多个春秋。更令人感到不可思议的是，人们对超声波的认识是受到模样并不可爱的蝙蝠的启示。

话说意大利有位名叫拉扎罗·斯帕拉捷的科学家，他有一个可爱的小女儿。小女儿常常缠着斯帕拉捷，要他讲故事。

这一天，斯帕拉捷给女儿讲麻雀和蝙蝠比赛捉虫子的故事：

"虫子是麻雀和蝙蝠的食物。比赛一开始，麻雀就四处去寻找食物了，可是蝙蝠却一声不吭地挂在阴暗处憩息。"

"蝙蝠为什么不去寻找食物呢？它不是要和麻雀比赛吗？"女儿忍不住问道。

"是呀，它当然没有忘记在比赛。到了晚上，麻雀得意洋洋地回来了，它看着巢里的一大堆食物，心想自己赢定了。于是，麻雀美美地进入了甜蜜的梦乡。这时候，蝙蝠却出动了，它整整忙活了一个通宵。到了次日清晨，麻雀醒来时，发现蝙蝠捉的虫子比自己的多得多呢！"

"爸爸，蝙蝠为什么要在晚上捉虫子呀？它怎么看得见呢？"女儿又问道。

斯帕拉捷愣了一下，是啊，蝙蝠在夜里飞行，怎么能看得见猎物呢？当时还没有人注意到这个现象，并给出科学合理的解释。他只好对女儿说："因为蝙蝠具有一种特殊的功能，能够在晚上自由地飞行。"

到底蝙蝠为什么能在夜里自由地飞行呢？斯帕拉捷下决心要弄个明白。炎炎盛夏的一天，斯帕拉捷捉了好几只蝙蝠，用黑布蒙住它们的眼睛。晚上，他把这几只蝙蝠放了，只见它们抖动着双翅，依旧自由自在地飞行。看来，蝙蝠夜里飞行跟它们的眼睛是否看得见并没有太大关系。

那么，也许是蝙蝠的鼻子在起作用吧？于是他又抓了几只蝙蝠，塞住它们的鼻子，再放了出去。结果发现这仍然没有影响它们的飞行。

"爸爸，你为什么把蝙蝠捉了又放？"小女儿好奇地问。

"小宝贝，这是为了探索它们夜间飞行的特殊功能。"

"它们会飞，肯定是翅膀的缘故。"小女儿自信地说。

斯帕拉捷想了想，觉得也有道理，就在几只蝙蝠的翅膀上涂上一层油漆。

"瞧它们飞得多自由啊！"小女儿叫了起来。

斯帕拉捷摇了摇头，看来蝙蝠夜间飞行跟它的翅膀也没有关系。

现在，就剩下耳朵没有试过了。可是，耳朵怎么会跟夜间飞行有关系呢？斯帕拉捷没抱什么信心地塞住了蝙蝠的耳朵，然后又把它们放了。

没想到，这次放飞的蝙蝠飞起来东碰西撞的，根本辨不清方向，也无法辨清周围有没有障碍物，很快就跌落下来。

这样，斯帕拉捷终于弄清楚了：原来，蝙蝠是靠听觉来确定方向、捕捉目标的。

后来，在斯帕拉捷研究的基础上，人们对这种特殊探测功能的认识又进一步深化了。人们发现：蝙蝠的喉头会发出一种高频声波。这种声波超出了人的听力范围，被称作超声波。超声波沿着直线传播，一旦碰到障碍物就会迅速反射回来。蝙蝠正是用耳朵接收这种返回的超声波，所以能在夜间做出准确的判断，从而轻松自如地在夜空中飞行。

（刘宜学）

不可思议的创举

——卡文迪什测算地球质量的故事

在浩瀚的宇宙中，地球只是无数天体中的一个。它年复一年地绕着太阳公转，同时自身也昼夜不停地自转着。你可曾想过，这么一个庞然大物究竟有多重呢？今天，要找到这个答案并不难，人们只要查找一下相关资料就知道：承载着一代又一代人的地球，它的质量是 5.97×10^{24} 千克。不过，要是在 18 世纪之前，有人问你怎样才能测出地球的质量，你也许会瞠目结舌——这么个庞然大物也能测出质量？哪来这么大的秤？退一步说，即使有这杆巨秤，又必须站在什么地方来称地球的质量呢？又有谁能提得起秤杆呢？

这个看似极不可能找到答案的难题，在 1798 年由英国科学家亨利·卡文迪什巧妙地解决了。不过，他可没有去设法制作一杆巨秤，而是利用物理学中著名的万有引力定律来求出答案。早在 17 世纪末，英国大科学家艾萨克·牛顿就创立了万有引力定律，根据他的公式，只要求出一个万有引力常数，就可以算出地球的质量。为了求出这个常数，大科学家牛顿曾经设计了好几个实验，但都以失败告终。因为尽管一般物体之间存在万有引力，但它实在太微弱了，无法用现有的手段测知。

从那以后，人们更加相信地球的质量是无法测知的。连牛顿这样伟大的科学家都没能做到的事情，别人怎么能做到呢？

可是，偏偏有人要啃这块硬骨头，他就是卡文迪什。出身豪门贵族的卡文迪什生性孤僻，寡言少语，可对科学研究却无比执着，在许多方面都做出了不朽的贡献。

卡文迪什心想：要测出地球的质量，关键在于测出万有引力常数。可是，一般物体之间的引力非常微弱，该用什么方法测算呢？

有一天，卡文迪什正在实验室里埋头做实验，有位朋友兴冲冲地跑来说："卡文迪什，告诉你一个好消息！"

"什么事？等我做完实验再说吧。"卡文迪什漫不经心地说，他不愿放下手中的实验。

"这消息对你很有用。"朋友继续说，"你想知道怎样测出力的微小变化吗？"

卡文迪什一怔，这不正是他遇上的最棘手的难题吗？他忙问道："你说说看，有什么好办法？"

朋友笑着说："我哪有那

英国化学家、物理学家亨利·卡文迪什画像（英国画家威廉·亚历山大绘，英国维尔康姆博物馆藏）

么大的本事。不过，我听说那位既是天文学家又是地质学家的米歇尔教授在研究磁力的时候，使用一种很巧妙的办法测出了力的微小变化。"

"太好了！"卡文迪什说，"我马上去拜访米歇尔教授。"

在米歇尔教授的实验室里，卡文迪什深受启发。一回到自己的实验室，他就开始紧锣密鼓地设计自己的实验。他设想用一根石英丝倒挂着一个T形架，T形架水平细杆的两端各安着一只小铅球，再让两只大铅球分别接近两只小铅球并与小铅球始终保持等距。

卡文迪什小心翼翼地让大铅球靠近小铅球，专注地看着石英丝的变化。可是，不管他如何重复这个实验，石英丝都不见有丝毫的摆动。

"奇怪！当大铅球靠近小铅球时，由于它们之间存在引力作用，大铅球必然使吊着的两只小铅球发生摆动。这样，我只要测出石英丝扭转的程度，就可以求出引力常数了。可是，为什么石英丝没有发生摆动呢？"他陷入了困惑之中。

卡文迪什认真地检查了实验装置，认为装置本身并没有问题。可是，石英丝为什么不发生扭转呢？他反反复复地思考这个问题。直到有一天，他猛然想到：莫非这种扭转是肉眼无法直接发现的？

一想到这里，卡文迪什兴奋起来：是啊，尽管大小铅球之间确实存在引力，但这种引力非常弱小，对石英丝的影响也十分有限，因而只能使石英丝发生极细微的偏转。对，一定是这样！

找到了症结所在，卡文迪什便设法提高实验的准确性。他巧妙地在T形架的垂直细杆上安上一面小镜子，让一束光线照射到镜子上，镜面再把光线反射到一根刻度尺上。这样，哪怕细丝发生极微小的扭转，反射光也会相应地在刻度尺上发生比较明显的移动。为了最大程度地降低环境干扰，卡文迪什将实验器材放置在密闭的房间里，他在外面操控房间内的铅球移动，并用望远镜观察结果。

根据这个实验，卡文迪什终于在1798年测算出了两个球体之间的引力，求得了万有引力常数，这个数值与今天人们用先进手段测算的数值几乎完全一样。

卡文迪什随即将万有引力常数套入万有引力公式中，计算出地球的质量大约为60万亿亿吨，成为世界上第一个测算出地球质量的人。后来的科学家们改进了卡文迪什的实验，计算出地球的质量是5.97×10^{24}千克，可见当年卡文迪什的计算结果已相当精确。卡文迪什在科学上的贡献远不止于此，他在电学、化学、气象学等领域都有过许多重大的发现，被誉为"科学巨擘"、"有史以来最伟大的实验物理学家"和"牛顿之后最伟大的英国科学家"。

（沙　莉）

普遍的自然规律

——迈尔等人发现能量守恒定律的故事

能量守恒定律可以表述为：一个系统的总能量的变化值只能等于传入或者传出该系统的能量的多少。物质的能量守恒定律是 19 世纪自然科学的"三大发现"之一（另外两大发现为细胞学说和达尔文物种进化论），也可以说是继牛顿建立力学理论体系以来物理学的最大成就。它的发现揭示了热能、机械能、电能、化学能等各种能量形式之间的统一性，即一个孤立系统内部不同形式的能量可以相互转换，且系统总能量保持不变。

有意思的是，这一伟大的自然规律是 19 世纪 40 年代不同国家的几位科学家几乎同时独立发现的。

那么，这几位科学家为什么会差不多同时发现能量守恒定律呢？原来，到了 19 世纪三四十年代，在自然科学领域中，人们不仅对机械运动的研究取得了长足的进步，对其他如分子热运动、化学运动、电运动等的研究也都相继展开，而且陆续发现了一系列规律。随着研究的进一步深入和拓展，许多科学家开始思考一个崭新的问题：这些不同形式的运动之间有没有联系呢？它们是相对独立的还是相互统一的？

1840 年，德国医生迈尔乘上一艘从荷兰开往爪哇的轮船。出于职业习惯，迈尔惊讶地注意到，到达目的地后，船员们的静脉血的颜色明显比在欧洲时红。

"为什么他们的静脉血会比在欧洲生活时更红呢？难道跟地理区域有关？"迈尔饶有兴趣地思考着这个现象，"静脉血变红，必然是动脉血中消耗的氧气减少、静脉血中剩余的氧气增多的缘故；而动脉血中消耗的氧气减少，必然是因为机体新陈代谢的速率降低了。那么，新陈代谢速率的降低又是因为什么呢？"

迈尔继续思考着："这一定是因为船员们现在身处热带地区，维持体温所需要的新陈代谢水平自然会比在欧洲时低。"

由此，迈尔进一步认识到，机体的体力和体热都必定来源于食物中所含的化学能，即化学能可以转化为热能。在转化的过程中，机体能量的输入和支出保持平衡，即在化学能向热能转化时，机体总能量必定守恒。

在这番认识的基础上，迈尔又从理论上具体论证了机械能、热能、化学能、电磁能等各种形式的能量都可以相互转化的理论，并且推算出了热的机械当量。1842 年，他把自己的发现和论证写成一篇论文《关于非生物界的各种力的意见》，发表在德国的《物理学与化学年鉴》上。迈尔第一个发现并阐述了能量守恒定律。但是，这一发现最初并没有引起人们的注意。

几乎与此同时，英国著名物理学家詹姆斯·普雷斯科特·焦耳也开始研究物质不同运动形式之间的关系。焦耳的父亲是一家大啤酒厂的老板，家道殷实。焦耳自幼身体羸弱，但对物理学非常感兴趣。他一生没有从事过任何职业，整天待在自己的物理实验室里搞研究。

　　焦耳的研究方法与迈尔有所不同，他采取的是严格进行定量实验的分析方法。焦耳对由电流产生的热量进行了实验，来确定热量与电流强弱、导体电阻和通电时间的相关性。在研究电流热效应的过程中，焦耳测定了电热当量。

　　1847年，焦耳继续研究机械热当量。为了准确测定量值，焦耳设计了一个特殊的实验。他在一个保温性能良好的容器内装上水，再浸入一个叶轮。叶轮由绳筒带动，而绳筒本身又与下垂的重锤相连接。

英国著名物理学家詹姆斯·普雷斯科特·焦耳画像（英国肖像画家乔治·帕藤1863年绘，英国维尔康姆博物馆藏）

然后他仔细测算由于叶轮转动导致的液体温度的升高值，将这一数值与重锤下落所做功的大小相比较，以此求出热功当量。此后，他又用鲸鱼油代替水测量不同液体介质对数值的影响，并取了两次热功当量的平均值。经测定，焦耳发现大约428.9千克力米的功可以产生1千卡的热量。他随即公布了这一结果，但令人遗憾的是，同迈尔的发现一样，这一成果起初并未引起人们应有的重视。直到1850年，越来越多的科学家注意到了能量转化与守恒的现象，焦耳的研究才为学界所关注。

　　尽管迈尔和焦耳等人发现的能量守恒定律因为过于"超前"而没有及时引起世人足够的重视，但云翳不能够永远遮挡真理的光芒。随着时间的推移，作为自然界客观存在的基本规律之一，能量守恒定律成了人们认识自然和利用自然的有力武器。

（沙　莉）

"神仙写出来的" 方程组

——麦克斯韦创立电磁场理论的故事

英国著名物理学家、数学家詹姆斯·克拉克·麦克斯韦画像（乔治·斯图达特1881年依据约翰·菲格斯所摄照片绘，英国维尔康姆博物馆藏）

18世纪中后期至19世纪中叶，电磁学的研究园地中呈现出一派百花齐放的繁华景象。富于想象力的英国物理学家迈克尔·法拉第提出了一个崭新的物理模型——场。他指出，电荷与电荷，磁极与磁极，磁铁和通电导线都通过这种场才发生相吸或相斥的作用力。而且，法拉第还描绘出电力线和磁力线的各种疏密分布不同的图像，把场的强弱变化也形象化了。

当时，电磁学的发展已经相当完善，丰富的实验成果需要通过数学语言加以抽象化——时代召唤着科学巨人的出现。

完成电磁学的数学化表达这一艰巨任务的，是比法拉第小40

岁的英国著名物理学家、数学家詹姆斯·克拉克·麦克斯韦。他建构的更为完善的电磁学理论，标志着 19 世纪的物理学进入了崭新的发展阶段。

麦克斯韦从小就聪颖过人，喜欢独立思考问题。中学毕业后，年仅 16 岁的他考入英国爱丁堡大学。"初生牛犊不怕虎"，在大学课堂上，麦克斯韦经常向教授们提问，甚至对教授们讲到的一些方法提出质疑。有一次，他指出一位老师讲的一个数学公式有错。可那位老师无论如何也不相信这个稚气未脱的大学生能挑出自己的毛病，于是，他十分傲慢地对麦克斯韦说："要真的是你对了，我愿意把这个公式称作麦氏公式。"然而他课后一验算，发现竟然真是自己错了。于是，这位老师诚恳地向麦克斯韦道歉。从此，麦克斯韦声名鹊起，被老师和同学们称为"数学天才"。

三年后，麦克斯韦觉得爱丁堡大学的天地对他来说显得太狭小了，于是他转入了人才济济的名校剑桥大学继续深造。在剑桥，他有幸得到霍普金斯、斯托克斯、汤姆孙等名师的指点，学业大进，不到三年时间便掌握了当时所有先进的数学研究方法。与此同时，他对电磁学产生了浓厚的兴趣，开始进行深入的研究，并立志要用数学语言来表达法拉第的场模型。

卓越的数学能力和丰富的想象力，使得麦克斯韦在电磁学的理论研究中游刃有余。当时，已有不少物理学家用数学分析的方法，对电磁运动定律做过定量研究。麦克斯韦站在巨人的肩膀上，综合各家之长，创造性地提出"位移电流"的重要概念，从而巧妙地将电磁学中的高斯定律、安培定律、麦克斯韦—安培定律、法拉第电磁感应定律等综合表示为一组偏微分方程，把它们联立起来，建立了著名的麦克斯韦方程组。

他认为，电场的变化和磁场的变化彼此相关、相互影响。法拉第的电磁感应定律说明磁体运动可以产生电流，而麦克斯韦方程组则把它的涵义进一步扩大，指出变化的磁场也可以产生电场。这就自然而然地引出这样一个问题：变化的电场是否也会相应地产生磁场？

麦克斯韦的回答是肯定的。他在推导方程组时发现，为了使安培环路定律在某种特殊状态下成立，必须在描述定律的方程中引入位移电流这一项，而增加该项的物理意义就在于以代数形式表明变化的电场能够产生磁场。

更重要的是，由麦克斯韦方程组还可以直接推导出电磁波传播的波动方程。由此可见，麦克斯韦把严密的数学推导与对物理模型的深入探讨结合起来，呈现了一幅极为完美的物理图像：变化的电场产生涡旋磁场，变化的磁场激发涡旋电场，二者相辅相成，构成统一的电磁场，并以波动的形式一圈一圈地向四周传播，形成电磁波。麦克斯韦还从方程组中推算出，电磁波的传播速度竟然和实测的光速完全相同。由此他不仅预见到电磁波的存在，还大胆地预言：光也是一种电磁波，光、电、磁在本质上是统一的。

麦克斯韦方程组是电磁场理论体系的核心，构思精妙深刻，表达简洁明了，以至于后人常惊叹其美，说这是"神仙写出来的"。它的建立，说明麦克斯韦不仅在数学推导上有很高的造诣，而且对物理模型也有深刻而清晰的理解。他能够敏锐地认识到，法拉第的场模型和力线概念是建立新理论的基本出发点，并在此基础上不断探索数学表达的路径，思考如何通过数学模型精确阐述电与磁的关系。

麦克斯韦的理论成就震动了整个物理学界，科学的天空中

麦克斯韦在其 1873 年出版的著作《电磁学通论》中展示了力线与等势面的画法（英国爱丁堡大学图书馆藏）

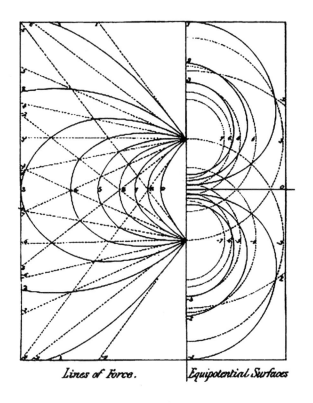

Lines of Force.　　Equipotential Surfaces

出现了一颗堪与牛顿、伽利略等巨星争辉的新星。在他逝世后，德国科学家亨利希·鲁道夫·赫兹用实验证明了电磁波的存在。不久，伽利尔摩·马可尼和亚历山大·斯捷潘诺维奇·波波夫把电磁波用于无线电通信，人类由此跨入电气化的新时代。

（沙　莉）

"它还是一个 X"

——伦琴发现 X 射线的故事

早在 1709 年，英国科学家弗朗西斯·豪克斯比就观察到在低压玻璃瓶（瓶内气压为标准大气压的 1/60）中接通摩擦生电的电源，瓶中会出现奇妙的闪光。1836 年，英国科学家法拉第也发现，在稀薄气体中放电会产生一种绚丽的辉光。后来，物理学家把这种辉光称为阴极射线，因为它是由通过导线接到电源负极的阴极金属板发出的。为探明阴极射线的性质，许多科学家进行了艰难的研究工作。

有一次，英国物理学家威廉·克鲁克斯按常规方法做真空放电实验，并用照相机拍摄了亮光。可底片洗出来后，上面什么也没有。此后，克鲁克斯用尽各种方法拍摄也未能成功。这在当时被物理学界称为"未解之谜"。

1895 年，德国物理学家威廉·康拉德·伦琴对阴极射线产生了极大的兴趣，开始了深入的研究。

一天，伦琴正在做关于阴极射线性质的实验。当他让荧光板靠近阴极射线玻璃管的铝窗时，他觉得玻璃管内的亮光影响了自己对荧光板的观察。于是，他找了一张包裹照片底片的黑纸把玻璃管包住，这样玻璃管内的亮光就透不出来了。当伦琴再次让荧光板靠近玻璃管的铝窗时，荧光板上发出微弱的亮光；但当荧光板离铝窗稍远些时，荧光板上就没有亮光了。伦琴认为这可能是因为阴极射线粒子在较远的位置与空气分子发生碰撞后四处飞散，变得稀薄以致无法被肉眼观察到。

接着，伦琴换上没有铝窗的玻璃管。按正常的程序，他将阴极射线玻璃管包好，打开电源开关，伸手拿起桌面上的荧光板。这时，他发现了一个令他大吃一惊的现象：距离阴极射线管 1 米左右的荧光板上出现了绿色的光，切断电源，荧光便立刻消失。当把荧光板放在距玻璃管 2 米处，他打开电源，荧光依然会出现。

"怪事！这是怎么回事？"伦琴认定这不是阴极射线，因为阴极射线的射程只有几厘米。

"不是阴极射线，那又是什么呢？"伦琴绞尽脑汁，不得其解。不过，他推测这也许是一种人们尚未了解的射线。为了弄清它的性质，伦琴做了一系列的实验：

将一本笔记本放在玻璃管和荧光板之间,荧光板照样发光；

将一块木头放在玻璃管和荧光板之间,荧光板也照样发光；

将一块 15 mm 厚的铝板放在玻璃管和荧光板之间，荧光板上只剩下淡淡的一点亮光；

将一块 1.5 mm 厚的铅板放在玻璃管和荧光板之间，荧光板上什么也看不见了；

……

伦琴在实验室里没日没夜地工作了好几天，做了各种实验以了解这种射线的"脾气"。有一次，他在检测铅对神秘射线的吸收能力时，发现荧光板的边缘上出现了局部手骨的影子。伦琴知道，这是他拿铅片的手的骨骼轮廓。于是，他索性将手放在荧光板后面，结果荧光板上出现了完整的手骨影子。强烈的求知欲使他忘却了一切，他仿佛行走在一个未知的世界中，神秘而旖旎的风光让他流连忘返。伦琴的妻子觉得他几天没回家了，很不放心，便来到伦琴的实验室。

"你来得正好，我给你表演个魔术。"伦琴看见妻子，高兴地说。

于是，伦琴就把妻子的手放在荧光板后面，然后打开电源开关，荧光板上出现了妻子手骨的图像，连那枚结婚戒指也显现了出来。

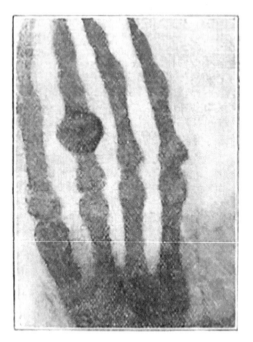

伦琴实验中的手骨影像。图片来源于他1896年发表的论文《一种新型射线》

"啊，我的手？"伦琴的妻子尖叫起来。

"对，是你的手！"伦琴得意地说。

伦琴的妻子对这神秘的射线感到不可思议，便向丈夫讨教道："这是什么射线？"

"我也不知道叫什么射线，它还是一个X（表示未知）！"伦琴停了一会儿，又说道："不然就叫'X射线'吧！"

此后，这种神秘的射线就被称为X射线。为了纪念它的发现者伦琴，人们也称它为伦琴射线。

　　X射线的发现解开了当年克鲁克斯真空放电实验中的未解之谜。原来，当阴极射线碰到玻璃管放射出X射线后，X射线把附近的照片底片统统曝光了——也就是说，在相机拍摄前，底片已被曝光。

　　X射线被发现后很快就在医学界得到应用。它为疾病的诊断和治疗提供了准确的依据，使医学影像技术发展水平大大提高。因此，X射线的发现被誉为19世纪末物理学的"三大发现"之一（其他两大发现为放射性和电子），伦琴也因此在1901年成为诺贝尔物理学奖第一位获得者。

（刘宜学）

底片曝光了

——贝克勒尔发现天然放射性的故事

法国著名物理学家安东尼·亨利·贝克勒尔（阿特莱尔·纳达尔摄，法国国家图书馆藏）

安东尼·亨利·贝克勒尔是法国伟大的物理学家，他的父亲亚历山大·爱德蒙·贝克勒尔也是一位著名的物理学家。1839年，亚历山大·爱德蒙·贝克勒尔在人类历史上第一次发现了光伏（光生伏打）效应，揭示了太阳能电池的工作原理。

1896年初，贝克勒尔得知德国物理学家伦琴发现了神奇的X射线。伦琴的发现在全世界引起了轰动，贝克勒尔和许多科学家一样，对这种无法被肉眼直接观察却又能穿过许多物体的射线产生了极大的兴趣。在研究过程中，贝克勒尔注意到阴极射线管在发射具有穿透力的X射线的同时，也会产生没有穿透力的可见光，即荧光。这给贝克勒尔提出了一个新问题："荧光和 X 射线之间有什么关系呢？荧光物质自身是否也能产生类似 X 射线那样的射线呢？"他决心将这个问题弄个水落石出。

贝克勒尔家族的实验室收集了不少磷光物质。为了研究方便，贝克勒尔选择了一种晶体铀盐——黄绿色的亚硫酸铀钾。这是一种典型的磷光物质，它在阳光的照射下会发出美丽的荧光。贝克勒尔的实验目的是验证这种铀盐在发出荧光的同时，是否也发出 X 射线。为此，贝克勒尔仿照伦琴的办法，用一张黑纸严严实实地包住一张胶卷底片，再在黑纸的旁边放置这种晶体铀盐，然后让阳光照射晶体。

照射了好一会儿，贝克勒尔拿着黑纸包进入照相暗房。他把底片冲洗后，仔细一看，果然在底片上看见一块和铀盐放置位置相对应的黑影。凭借着科学家敏锐的直觉，贝克勒尔立即意识到：阳光不能穿透黑纸，因此阳光本身不会使黑纸包住的底片感光，而现在底片感光了，表明在荧光产生的同时，X 射线也产生了。也就是说，荧光物质经太阳照射确实能发射 X 射线，因为只有 X 射线才能穿透黑纸使底片感光。然而，在家族严谨的科研传统熏陶下，贝克勒尔并没有匆忙下结论，因为科学真理必须经得起检验，他还需要用更细致的实验对结论再次进行验证。

正当他准备进行下一步实验时，天公不作美，接连几天都是细雨蒙蒙的阴雨天。没有太阳，荧光现象就不会出现，实验也就无法进行了。贝克勒尔只好把包好的几张底片和铀盐一起放进抽屉以待天晴。

好几天之后，贝克勒尔终于盼来了明媚的阳光。他欣喜地从抽屉中拿出纸包和铀盐，正准备拿出去晒时，他忽然想到，应该先检查一下底片是否会漏光。

在暗房里，贝克勒尔取出底片一看，一下子惊呆了：底片何止"漏光"，它已经完全感光了！而且，上面还有很深的一片阴影。

"这是怎么一回事？"贝克勒尔百思不得其解，"难道铀盐在没有阳光的情况下，也会自动发出能穿透黑纸的射线，使底片感光？"

这个偶然发现的现象使得贝克勒尔非常兴奋，他断定这是一种新的放射现象。为了弄清楚这个问题，贝克勒尔开始了锲而不舍的研究。通过对这种铀盐晶体进行各种物理的和化学的分析，他发现只要化合物里含有铀元素，不论它是不是荧光物质，都一定会自动地发射出这种强烈的射线。

"这么说，当初我以为荧光物质会产生 X 射线的想法是错误的，实际上这种穿透性射线的产生正是由于铀元素的存在！"贝克勒尔恍然大悟，他把这种天然射线称为"铀射线"。

就这样，贝克勒尔在人类历史上第一个发现了天然放射性物质铀原子自发衰变的天然放射性现象。为此，他和居里夫妇于 1903 年共同获得了诺贝尔物理学奖。发现天然放射性是科学史上划时代的大事件，它为人类打开了通往微观世界的大门，奠定了原子核物理学和粒子物理学的诞生与发展的基础。为了纪念贝克勒尔的杰出贡献，科学家将用于测定放射性活度的国际标准单位命名为"贝克"。

（沙　莉）

第一个基本粒子

——汤姆孙发现电子的故事

人类对基本粒子的认识可以追溯到 2500 多年前的色雷斯海岸古城——阿布德拉。从古希腊哲学家留基伯和德谟克里特的"原子论"到近代约翰·道尔顿的"新原子论",都认为原子是构成物质的最小单位,是永恒不变而且不可分割的。千百年来,人们对此深信不疑。

然而,1897 年英国物理学家约瑟夫·约翰·汤姆孙却发现了比原子更小的单位——电子。这一石破天惊的发现,打开了人类通往原子科学的大门,标志着人类对物质结构的认识进入了一个崭新的阶段。

在汤姆孙发现电子之前,物理学家们在研究真空放电现象时发现了阴极射线。当时,科学界对阴极射线的本质是"光波"还是"微粒"展开了旷日持久的争论。20 多年之后,汤姆孙以其杰出的实验成果宣告了争论的结束,他用令人信服的数据表明阴极射线是带负电的微粒,因为它在真空管中产生了偏移,被负极板排斥，为正极板所吸引。

1856 年，汤姆孙出生于英国曼彻斯特郊区。年仅 14 岁的他进入欧文斯学院（今曼切斯特大学）学习，受到了老师奥斯本·雷诺兹的悉心指导，养成了遇到新问题时独立思考的良好习惯。后来，他又进入剑桥大学三一学院学习，攻读完研究生课程后，他被聘为该学院的讲师。1884 年，年仅 28 岁的汤姆孙被任命为剑桥大学卡文迪什实验室物理学教授。

在剑桥大学，汤姆孙建立了一个巨大的、设备完整的物理实验室，世界各地的科学家常到这里来开展研究工作。据不完全统计，他们中有 7 位后来获诺贝尔奖，有 55 位成为各所大学的教授。

为了寻求电与实物之间的联系，汤姆孙于 1886 年开始了划时代的探索——对气体放电现象以及阴极射线性质进行化学分析。当时，科学界关于阴极射线本质的争论引起了汤姆孙极大的兴趣，他决心通过自己精心设计的实验来解决这场争论。

1897 年，汤姆孙在皇家学会的讲演中介绍了他的实验背

正在实验室中辛勤工作的英国物理学家汤姆孙

景，他的思想中包括了两个假说：

首先，在气体中的电荷载体一定比普通的原子或分子要小。因为它们比原子或分子更容易穿过气体，其运动速度是原子或分子运动速度的几千倍。

其次，放电管中无论充填哪种气体，电荷载体都是一样的。这一点也为事实所证明——不论真空管里是什么气体，射线在同样强度的电场和标准磁场作用下产生的偏移是一样的。

根据这些假说，汤姆孙大胆推测：阴极射线中的电荷载体是一种构成所有物质的基本成分，它比原子还要小。

同年，汤姆孙创造性地设计了一个杰出的实验。实验装置包括一个作为射线源的阴极、一个阳极和准直器，以及两块金属板或两块磁铁。然后，汤姆孙通过保险丝连接阴极、阳极和发电机；两块金属板或磁铁分别与一节强电池的正负两极相连，以此获得能够产生强大电场的正负电荷。阴极射线在阴极的排斥下飞向阳极，其中一束射线通过阳极和准直器上一条狭窄的缝隙继续运动，经过带电金属板或磁铁之间时，受到正电荷吸引、负电荷排斥偏离原运动轨道，发生电偏转和磁偏转，经过一段距离的自由运动最终冲击阴极射线玻璃管的球形端，并产生光点。

实验的核心是通过测量偏移光点的位移量，测出阴极射线粒子的电荷量与质量的比值（后来被称为电子的"荷质比"，也称"质荷比""比荷"）。为了增加测量结果的可靠性，汤

汤姆孙进行实验的主要装置——阴极射线管。本图根据汤姆孙 1897 年在《哲学杂谈》发表的论文《阴极射线》中的图 2 重新绘制

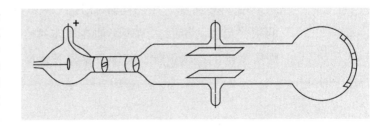

姆孙还设计了另一个重要的实验。他将阴极射线引入一个金属集电器中，射线粒子的运动被集电器阻碍，动能转化为热能。依据能量守恒定律，汤姆孙通过多次测量集电器中一定时间内热能与电荷的比值，得到了粒子的质荷比。他所得到的数值仅为法拉第在电解实验中测得的氢离子质荷比的 1/2000，相当接近质荷比的现代标准值。于是，汤姆孙大胆做出合理假说——存在着一种比原子还要小的物质基本粒子，结束了长达20多年的围绕阴极射线本质的争论。汤姆孙将这种带负电的阴极射线粒子称为"原始原子"，它的质量仅为氢离子质量的1/1000。

后来的物理学成果证明，汤姆孙关于"比原子小"的"原始原子"的假说是对的。另一位著名的物理学家欧内斯特·卢瑟福对此做了更具体科学的阐述，他用"核化原子"来解释：正电荷集中在原子的中心，形成沉重的原子核，而电子则环绕着它沿轨道旋转。最后，根据爱尔兰物理和天文学家乔治·约翰斯通·斯托尼的建议，汤姆孙发现的物质的"原始原子"被物理学界普遍称作电子。

电子的发现，打开了现代物理学研究领域的大门，标志着人类对物质结构的认识进入了一个崭新的阶段。这不仅是物理学发展史上一项划时代的重大发现，而且还具有极其深远的哲学意义。

电子的发现，让汤姆孙登上了1906年度诺贝尔物理学奖的领奖台。两年后，为表彰他在气体放电的理论和实验研究方面所做出的卓越贡献，英国皇室授予他爵士头衔。

（沙　莉）

天上一日，地上一年

——爱因斯坦与相对论的故事

中国古典神话小说《西游记》中出现了"天上一日，地上一年"的幻想，这种看似不可思议的想法在阿尔伯特·爱因斯坦的相对论中，却变成了科学事实！

假设一个人坐上光子火箭，以光的速度到宇宙空间去旅行一年，那么，当他回到地球时，他的儿子已是白发苍苍的老人，他自己却还是那样年轻——儿子反而比父亲老了！

在爱因斯坦的狭义相对论中，以光速运动的钟的指针转动慢了，高速运动的物体在其运动方向上发生收缩；在广义相对论中，甚至连时空本身和光线路径都是弯曲的。

伟大的科学家阿尔伯特·爱因斯坦

关于这些奇妙现象的理论，是现代科学在 20 世纪取得的最重大的成果。爱因斯坦创立的狭义和广义相对论引起了经典物理学的彻底革命。

这位科学伟人的理论十分深奥难懂，因此，当一群嘻嘻哈哈的大学生跑到爱因斯坦身边，纠缠着要他通俗地解释一下什么叫相对论时，爱因斯坦神秘地眨了眨眼睛，想了想，微笑着回答说："要是你坐在一位漂亮的姑娘旁边，坐了两个小时，觉得只过了一分钟；如果你紧挨着一个火炉，只坐了一分钟，却觉得过了两个小时，这就是相对论。"

爱因斯坦，1879 年出生在德国南部乌尔姆市的一个犹太人家庭中，祖祖辈辈过着典型的商人和手工业者的生活。他小时候非但没有智力早熟的迹象，而且由于学会说话较迟，反而被家人认为是个低能儿。

爱因斯坦 15 岁那年，他的父亲在慕尼黑的企业破产，全家移居到意大利。但还不到一年的时间里，父亲再度破产，爱因斯坦只得自食其力。他来到瑞士，在阿劳州立中学读了一年后考入苏黎世工业大学。

大学毕业后，爱因斯坦连个家庭教师的职位都找不到。后来，在朋友们的多方帮助下，才在瑞士伯尔尼专利局当了三级技术员，工作职责是给专利申请书准备鉴定意见。在这里，爱因斯坦一干就是 7 年。

这贫穷得连一块手表也买不起的 7 年，却成了爱因斯坦在科学上大丰收的岁月。在这段时间里，他创立了狭义相对论，提出了广义相对论的两条基本原理。这些重大科学成果的诞生，使他成为举世公认的世界一流科学家。

更难能可贵的是，爱因斯坦还是具有高度社会责任感的正直的思想家。他的一生充满坎坷，历经了两次世界大战的煎熬。

1933 年，为了躲避法西斯对犹太人的迫害，他被迫移居美国。爱因斯坦憎恶战争，热爱和平，常常为人类和平事业仗义执言，赢得了人们的普遍敬重。

1936 年，正值西班牙开始反法西斯斗争的年代，世界上许多国家都在设法援助西班牙人民的反抗斗争。当时，美国也组织了一支增援部队，准备尽快开赴西班牙前线，但没有足够的经费。这时，有人提议说："我们去找爱因斯坦吧，他一定会帮助我们的。"大家一致赞同。

于是，在一间简朴的工作室里，这位平静的老人迎来了一位反法西斯战士，他们面对面坐着，开始了简短的谈话。

"我们有人，但是没有钱。"战士开门见山地说。

爱因斯坦叼着烟斗，沉默不语。

"钱意味着飞机、炸弹、汽车和军装，这一切又意味着西

1921 年，爱因斯坦与时任美国总统的沃伦·甘梅利尔·哈定在美国白宫内的合照（哈里斯和尤因摄，美国国会图书馆藏）

班牙的自由。"战士说着说着，心里激动不已，热切地期盼着这位闻名全球的科学家的回答。

"好吧，"爱因斯坦说，"我把我所有的财产都给你们，但是并不多。"他站了起来。

"不！"这位年轻的反法西斯战士也站了起来，"我们不是想要您的钱。请把您的论文给我们，就是那篇《论运动物体的电动力学》。"

"什么，论文？"爱因斯坦注视着眼前的这位年轻人，茫然不解：他们要论文去反抗法西斯？

"是论文的原始手稿。"年轻人补充说。

爱因斯坦明白了：他们想拿这篇论文的手稿卖钱。他为难地说："很遗憾，原始手稿不在这里，它留在德国了。能不能拿另外一篇去？"

"不，我们只要这一篇，它可以值 400 万美元。"年轻人急了。

爱因斯坦缄默良久，终于说："好吧，两天后一定给您。"

这位年轻的反法西斯战士走后，爱因斯坦立即坐在桌前，开始从杂志上抄写那篇论文。这个工作虽然枯燥，却让爱因斯坦觉得十分充实和欣喜。他仿佛看见自己的论文手稿变成炸弹，变成飞机，成了抵抗法西斯侵略者的有力武器。

两天后，反法西斯战士们得到了爱因斯坦的手稿。作为回报，他们从前线频频传来反法西斯战争节节胜利的佳音。

（沙　莉）

"铀 X" 之谜

——哈恩等人发现铀核裂变现象的故事

20 世纪 30 年代，科学家们一致认为排在元素周期表的最后一个元素是第 92 号铀。1934 年，意大利物理学家恩利克·费米用慢中子作为"炮弹"轰击铀核后，产生出一种带放射性的"新"原子核。当时，费米认为这是尚未发现的第 93 号元素，因而把它称为"铀 X"，又称为"超铀元素"。

"新"的放射性元素"铀 X"的发现，在物理学界引起了一场轰动——原来化学元素大家庭的成员不止 92 个！随后，"超铀元素"的制备工作也在许多实验室开展起来。在巴黎的伊伦娜·约里奥·居里（居里夫人的女儿）重复了费米的实验，可令她感到惊异的是，"铀 X"的性质一点也不像费米预言的元素周期表上第 93 号元素。

莫非这次诺贝尔物理学奖发错了？那么，"铀 X"究竟是什么呢？

这时，德国威廉皇家化学研究所的奥托·哈恩、莉泽·迈

德国放射化学家、物理学家奥托·哈恩（右）和著名原子物理学家莉泽·迈特纳（左）正在实验室中进行化学实验。照片约摄于1913年（美国国家档案馆藏）

特纳和弗里茨·斯特拉斯曼也开始了对"铀X"的研究。

哈恩是威廉皇家化学研究所所长，擅长化学分析。面对这蒙着面纱的"超铀元素"，哈恩一开始认为，如果它不是第93号元素，那么它也许是铀附近的其他元素的同位素。哈恩等三人对"铀X"做了大量的实验进行分析，但是它的性质太奇特了，研究一直没有取得什么进展。

"铀X"就像一道阴影，如影随形般地紧紧纠缠着斯特拉斯曼。由于研究工作进展甚微，苦闷中的他忍不住嘀咕起来：

"'铀X'小姐，你羞涩的花容到底是什么模样呢？难道你不在元素周期表上吗？"

突然，斯特拉斯曼的脑海中闪过一个念头："对！元素周期表！"他翻开元素周期表，逐个搜寻着。他心想：既然研究没有取得突破性进展，不妨用最笨的方法，看看"铀X"和元素周期表中哪一号元素最相似。

看着看着，斯特拉斯曼眼睛一亮：第56号元素钡！

"对，'铀X'也许是第56号元素钡，它的特性太像钡了！"斯特拉斯曼有些兴奋起来，"如果真是这样，那么用中子轰击铀的结果实际上是衰变成已知的元素。"

但是按照常理，一个元素只能衰变为邻近的另一个元素，怎么可能从第92号元素一下跳到第56号呢？

研究仍然没有进展。1938 年，迈特纳由于犹太人的身份遭到了纳粹种族主义迫害，被迫离开德国前往瑞典避难，研究"铀X"的工作则由哈恩和斯特拉斯曼继续进行。

就在这时，法国科学家伊伦娜·约里奥·居里和南斯拉夫科学家萨维奇合作，用化学方法鉴定放射性元素，分析中子轰击铀的产物，终于发现轰击后产生的衰变子体是一种比铀轻、性质类似于锕的放射性物质——镧。

著名原子物理学家莉泽·迈特纳
（哈里斯和尤因摄，美国国会图书馆藏）

看到伊伦娜的实验报告，哈恩受到很大启发，斯特拉斯曼也想起了两年前自己的想法——中子轰击铀产生的放射性物质很可能是钡！

于是，哈恩和斯特拉斯曼设计了更为严谨的实验，再次用中子轰击铀。当"铀X"出现后，他们重复了伊伦娜·约里奥·居里的实验，用最精确的化学分析方法鉴定轰击产物。通过连续几天的实验研究，他们终于得出了明确的结论：原子序数为 92 的铀受到中子轰击后，分裂成两个较轻的核，其中之一是原子序数为 56 的钡核，即费米所说的"铀X"，另一个是原子序数为 36 的惰性元素氪核。

至此，"铀X"之谜真相大白，哈恩和斯特拉斯曼也由此发现了铀核裂变现象。从此，原子核研究的大门被打开了，这昭示着崭新的原子能时代即将来临。

（沙　莉）

未知的新粒子

—— 汤川秀树创立介子理论的故事

1949年12月10日下午4点30分，在瑞典首都斯德哥尔摩鲜花点缀的音乐大厅里，瑞典国王大驾光临，一年一度隆重的诺贝尔奖颁奖大会开始了。

主持人朗声宣布："本年度诺贝尔物理学奖得主，是日本物理学家汤川秀树！"

在一阵热烈的掌声中，年仅42岁的汤川秀树激动地走上领奖台，接受这无数人梦寐以求的国际最高学术荣誉。汤川秀树因为创立了介子理论，预言了原子核内介子的存在而获得这一殊荣。

1907年1月23日，汤川秀树出生于日本首都东京。1929年，他从京都大学物理系毕业，旋即进入大学研究院，开始从事理论物理，特别是基本粒子理论的研究工作。

从19世纪末开始，人们逐渐认识到无论哪种物质的原子都是由原子核和电子组成的，其中原子核又可以分为质子和中子。因此，当时人们把电子、质子、中子及20世纪初发现的光子统称为"基本粒子"。

物理学家们发现，原子核一般都很稳定，说明质子和中子结合得很紧密，于是他们把这种存在于原子核内极强的结合力称为"核力"。

1932 年，汤川秀树开始对核力问题产生极大的兴趣。他想：中子是不带电的，而质子都具有正电荷。在小小的原子核内，这些都带正电荷的质子必定相互排斥，这样原子核早

日本物理学家汤川秀树正在纽约市哥伦比亚大学授课

就该分崩离析了，可实际上这种情况并没有发生。况且，质子和中子在原子核内受核力束缚，一旦位于原子核外，它们却没有任何相互吸引的迹象。这究竟是为什么呢？中子和质子之间究竟是怎样强有力地结合在一起的呢？核力是一种什么力？

1933 年 4 月，汤川秀树参加了一年一度的日本数学、物理学年会。会上，他根据自己的研究，做了关于核内电子问题的报告。汤川秀树不到 10 分钟的发言刚结束，马上就有人站起来，毫不客气地说：

"我认为汤川秀树先生的论文是不合理的，甚至违背了一些基本的物理学常识。"

说这话的是日本物理学界的一位权威人士。他的批评意见得到了与会者的一致赞同。汤川秀树第一步研究的成果被否定了，但他并没有泄气。与此同时，汤川秀树了解到国外一些权威人士在核力研究方面也遭到失败。这个消息促使汤川秀树开始反思传统的研究方法。

"这么说，核力研究要想有所突破，就不能再从已有的研究途径入手了。以往大家都企图把核力的起因归结为一些已知的粒子，为什么不能设想是一种目前未知的新粒子引起了核力呢？"

　　想到这里，汤川秀树心里豁然亮堂起来。又经过一段时间的深入研究，他终于在1935年提出了一种解释核力的新理论。

　　汤川秀树认为，原子核中应该有一种尚未被发现的新粒子，质子和中子不断地来回抛掷、互相交换这种粒子。质子和中子只要距离近得能抛掷和接住它们，就能牢牢地维系在一起；一旦相距较远，这种粒子无法抵达任意一方时，核力就失效了。

　　他还进一步提出，这种新粒子的质量介于电子和质子之间，大约是电子质量的200倍，因此为其取名"介子"。

　　1947年，英国物理学家塞西尔·弗兰克·鲍威尔在实验中果然发现了汤川秀树预言的新粒子，即"π介子"。

　　从原子核核力假设的提出，到汤川秀树介子理论的突破与"π介子"的发现，人类对物质基本结构的研究又向前迈进了一大步——从解构原子核进入到认识基本粒子的领域。

（沙　莉）

电阻消失了

——巴丁等人揭开超导之谜的故事

19 世纪初，科学家们发现电流中的电子受到金属导体中晶格离子的吸引，发生散射现象，从而产生电阻。20 世纪初，人们又认识到金属的电阻和它所处环境的温度有很大关系：温度升高时电阻增大，温度降低时电阻减小。1911 年，荷兰物理学家海克·卡默林·昂纳斯发现，把金属汞的温度降到约 –269℃时，一个奇怪的现象出现了：汞的电阻突然变成了零，出现了超导电性。两年后，昂纳斯因发现超导现象获得了诺贝尔物理学奖。

我们知道，正常情况下导体都有一定的电阻，不同导体的电阻大小不同。但是，电阻为什么会在超低温时消失呢？这种奇异的超导现象就像令人费解的斯芬克斯之谜，立刻吸引了许多科学家对它进行研究。

近半个世纪过去了，超导现象仍然是物理学界的一个谜。1955 年，美国伊利诺伊大学著名教授约翰·巴丁和两位中青

2007 年，在美国布朗大学进行交流的利昂·N. 库珀（肯尼斯·齐克尔摄）

年博士利昂·N.库珀、约翰·罗伯特·施里弗组成协作小组，开始探索超导现象之谜。

"一旦我们揭开超导之谜，将超低温技术应用于生产当中，解决能源危机就大有希望了！"巴丁教授说，"不过，我很清楚，这是个难度很大的研究课题，仅凭我个人的力量是无法成功的，所以我想和你们二位携手共同探索。"

"巴丁教授，有机会聆听您的指教并且成为您的助手，我们深感荣幸。"库珀和施里弗说。

于是，巴丁向两位年轻人介绍了 40 年来超导实验和相关理论的发展，评述了成功的经验和失败的教训。他说：

"要揭示超导现象的本质，只有从微观层面着手研究才有希望。根据以往的经验，我认为电阻消失的奥秘主要在于电子和晶格离子的相互作用，而不是晶格离子失去对电子的作用力。所以，我们研究的关键在于弄清楚在超低温的情况下，电子和晶格离子是如何相互作用的。"

三位不同年龄的物理学家立即开始了卓有成效的合作。他们商定了研究计划，在各自的研究领域中辛勤耕耘，不断探索。每隔一段时间，他们就要聚在一起交流讨论，常常为一个问题争得脸红耳赤。尽管巴丁教授久负盛名，年龄也比另外两人大了 20 多岁，但他绝不摆出长者的姿态，而是虚怀若谷，和两位年轻的博士平等相处，与他们共同探讨问题。

一年过去了，这个三人小组的研究有了很大进展。有一天，库珀忽然想到，要是把金属导体中电子的运动状态抽象化，那么它们的物理图像不就更简洁了吗？这样研究起来也更容易。

"就拿两个电子来说，它们之间存在着库仑斥力。但是，因为晶格离子的存在，所以对经过导体的电子来说，导体中还存在一种由携带正电荷的晶格离子引起的引力。"库珀进一步做了抽象化的阐释，"在这种强度大于库仑斥力的间接引力作用下，两个电子能够组成电子对，彼此相互耦合，形成束缚态，参与共同的运动。"

于是，库珀提出了"电子束缚对"这一概念，又进一步推动了研究的深入。

1957 年春，巴丁教授团队进行的研究已经进入了最后的攻坚阶段，他们还需要对超导原理进行最后的定量描述。

如何对超导现象进行科学的定量描述呢？施里弗苦苦思索着。他知道，要科学地进行定量工作，关键在于确定定量描述的方法。

有一天，施里弗在百思不得其解之时，翻开了一位英国物理学家的著作。在这本著作中，施里弗看到这样一句话，其大意是：超导体是电子在宏观尺度上的量子结构，是某种平均动量的凝聚。

真是"踏破铁鞋无觅处，得来全不费工夫"！施里弗高兴地大叫起来："对，量子力学！"

事不宜迟，施里弗立刻采用量子力学的方法写出描述这种电子对凝聚态的波函数，即超导体基态的波函数。

施里弗激动地把这个意外的收获告诉了巴丁，巴丁高兴地说："棒极了！这个波函数正是我们理论突破的关键！"

约翰·巴丁（左）、威廉·布拉德福德·肖克莱（中）与沃尔特·布拉顿（右）

1972 年，约翰·巴丁已是第二次获得诺贝尔物理学奖。16 年前，他曾与威廉·布拉德福德·肖克莱、沃尔特·布拉顿因发明晶体管被授予诺贝尔物理学奖。

在接下来的几十天里，三位物理学家夜以继日地奋战着，终于成功地建立了一套科学完整的超导微观理论（又称"BCS 理论"，以这三位科学家的姓氏首字母命名），揭开了超导现象的神秘面纱。

1972 年，64 岁的巴丁、42 岁的库珀和 41 岁的施里弗共同获得了该年度的诺贝尔物理学奖。巴丁则是梅开二度，继 1956 年因发明晶体管获得诺贝尔物理学奖之后，又因创立超导理论再次获得这份殊荣。

（沙　莉）

统一"时钟"的"发条"

——格拉肖等人创立弱电统一理论的故事

世界上的物质十分繁杂，种类多得数不胜数。早在 2400 多年前，古希腊的哲学家们就已开始探索构筑宇宙大厦的统一基石。后来，经过漫长的探索，科学家们终于发现，所有的物质都是由元素构成的，而所有元素又可以再剖析为许多不同的粒子。

今天，我们知道不同粒子相互组合、转化能够构成不同的元素，形成不同的物质。那么，粒子之间为什么能够相互组合、转化呢？原来，在粒子与粒子之间存在着四种基本的自然力：万有引力、电磁力、弱力和强力。其中，万有引力存在于所有粒子之间，但电磁力只存在于带电粒子之间。

大家都很熟悉时钟，知道每隔一段时间就要给它上紧发条，要不然时钟走着走着就停了。如果我们把这个丰富多彩、变幻莫测的宇宙看作一台"时钟"，那么上述四种自然力就是它的"发条"。没有这些发条，这台特殊的"时钟"也一样会停滞不前。

在美国德克萨斯图书节上的美国物理学家史蒂文·温伯格（拉里·摩尔摄）

看到这儿，也许有人会说："这台'时钟'的'发条'也太多了吧？为什么不能简单些呢？"

问得好！这正是一直困扰着物理学家的一大难题。许多人都对此进行过艰辛探索，力图找到把它们统一起来的方法。

1967年，美国物理学家谢尔顿·李·格拉肖、史蒂文·温伯格和巴基斯坦物理学家阿布达斯·萨拉姆，经过几年不懈的努力，终于把这四根"发条"中的两根——弱力和电磁力统一起来，使这台"时钟"的"发条"减少为三根。

在这三位物理学家中，哈佛大学的格拉肖最早涉足弱力和电磁力统一的研究领域。1961年，听说格拉肖这位年轻的物理学研究员竟然想把弱力和电磁力统一起来时，许多人都持有怀疑态度。有些人摇摇头说："年轻人，科学研究需要有理性的思考，而不是凭空想象。你知道，电磁力的强度远比弱力的强度大，它们是完全不同的两种自然力，怎么可能统一起来呢？不要浪费宝贵的时间和精力了！"

然而，已经认定研究方向的格拉肖却自信地说："不错，弱力和电磁力的确'性格'迥异，看上去似乎没有相似之处。但是，既然已经有人用数学方式描述出这两种自然力，况且从中我们可以看出它们在某些方面具有相似性，这就说明弱力和电磁力的统一并不是没有可能的。"

在研究中，格拉肖巧妙地运用一种叫"规范场"的理论，经过一遍又一遍的计算，竟然最终搭起了统一弱力和电磁力的框架。可是，格拉肖又遇到一个难题：弱力的作用非常微小，传递弱力的规范粒子却具有很大的质量，而传递电磁作用的媒介光子没有质量。如果要把传递弱力的规范粒子和光子统一起来研究，该如何解释规范粒子的质量问题呢？

就这样，格拉肖的研究"卡壳"了。三年后，格拉肖的同门师弟、巴基斯坦物理学家萨拉姆，在研究弱力和电磁力的统一问题时，也遇到了同样的困难。

这时，格拉肖的同事温伯格也开始研究自然力的统一问题。身为在同一战壕中并肩作战的战友，温伯格很清楚格拉肖的研究进展。

有一次，温伯格到英国做学术访问。作为一名物理学家，在访问期间，他很留意英国物理学界的研究动态，一有空就翻阅物理学报刊。

这天，温伯格正在翻阅一本论文集，其中一篇论文引起了他的注意。这篇论文是英国物理学家彼得·希格斯写的。希格斯认为，要解决戈德斯通定理中的零质量粒子问题，可以利用电磁场和复标量场在真空态下的对称性自发破缺性质，选取特殊参数，从理论上使零质量粒子消失。这就是希格斯机制。在这一机制中，电磁场中的光子吸收复标量场中的一个分量，从而获得质量，同时复标量场中也只剩下一个具有质量的分量，这样一来，规范场中的基本粒子就都有了质量。

"运用这种思想，不就可以解释传递弱力的粒子为何拥有巨大的质量了吗？"温柏格为这个意外的收获兴奋不已。

1967年，温伯格运用希格斯的理论，成功地把弱力和电磁力统一起来。与此同时，萨拉姆的研究也获得了类似的结果，

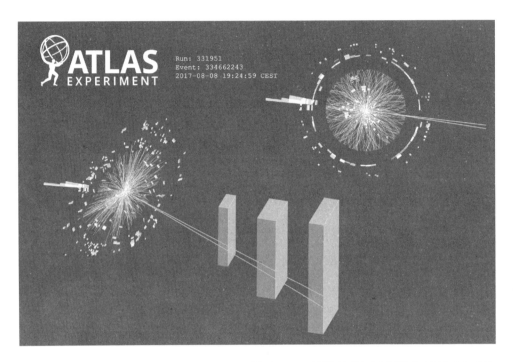

ATLAS
EXPERIMENT
Run: 331951
Event: 334662243
2017-08-08 19:24:59 CEST

希格斯玻色子的罕见衰变过程

2021年2月8日，欧洲核子研究组织宣布，科学家们在利用大型强子对撞机进行实验的过程中，发现1个希格斯玻色子可以衰变成两个轻子和一个光子。从谢尔顿·李·格拉肖、史蒂文·温伯格和阿布达斯·萨拉姆三位科学家一同创立弱电统一理论，到今天的科学家们在实验中观测到希格斯玻色子衰变的过程，探索弱电统一本质，粒子物理学正逐步构建起一个完整而统一的微观世界。

他独立于温伯格提出了弱中性流相互作用的概念。

相对论和量子力学是20世纪物理学最重要的成果，而把弱力和电磁力两者统一起来的弱电统一理论，则可以说是20世纪物理学研究发展的最高点。

格拉肖、温伯格和萨拉姆三位科学家一同创立了弱电统一理论，认为弱力和电磁力实际上是同一种力——电弱力的不同表现。鉴于他们在探究基本粒子之间弱电相互作用问题上所做出的巨大贡献，1979年，他们被同时授予诺贝尔物理学奖。

（沙 莉）

丁 和 "J"

——丁肇中发现 "J" 粒子的故事

　　1974 年 11 月 11 日，美国麻省理工学院华裔教授丁肇中领导的实验小组发现了 "J" 粒子，轰动了沉寂 10 多年的高能物理学界。"J" 粒子的发现，是高能物理学领域基本粒子科学研究的重大突破。那么，"J" 粒子究竟是怎么一回事呢？

　　我们知道，在浩渺无边的宇宙中，一切物质都是由微小的原子组成的，而原子又是由原子核和绕核高速旋转的电子所组成。其中，原子核由质子和中子组成，此外，还有光子、中微子、π 介子、夸克等，它们被科学家们统称为基本粒子。

　　迄今为止，科学家们已发现了 200 多种基本粒子。其中，丁肇中所发现的 "J" 粒子非常独特，它不仅质量很大，而且寿命很长。它的寿命大约为 10^{-20} 秒，即在小数点后还要加 19 个 "0"，为一万亿亿分之一秒。看似如此短暂，但同其他类似的基本粒子相比，它的寿命要长成千上万倍。

　　"J" 粒子的发现是丁肇中及其团队长期从事基本粒子研

究的成果，凝结着他们多年的心血。

"作为一位科学家，最重要的是不断探寻教科书以外的世界，对自己从事的科学研究有更深一层的理解，有能力独立思考各种物理现象的本质。面对占压倒性优势的反对意见，能从容不迫地去迎接挑战。"正是基于这种善于独立思考、勇于探索科学的精神，丁肇中成功地捍卫了量子电动力学的正确性，也为"J"粒子的发现打下了扎实的理论基础。

20 世纪 60 年代中期，美国哈佛大学和康奈尔大学的一些权威物理学家公布的实验结果，似乎证明了量子电动力学的一些错误，并且得到许多人的赞同。然而，当时尚未成名的青年助教丁肇中并没有盲从权威。他感到很困惑：长期以来，量子电动力学的这些理论和实验都是正确的，为什么现在突然说它们错误了呢？丁肇中认为很有必要进行重复实验，来进一步验证当前的一些实验数据。然而，谁会理会一个名不见经传的年轻助教的建议呢？

有道是"初生牛犊不怕虎"，丁肇中并没有泄气。"我做实验是基于我对事物的理解，而不是起于理论上的争执。因此，我决定不顾多数人的反对，去完成这个实验。"血气方刚的他以惊人的毅力在短短半年内就完成了实验，找到了哈佛大学教授们实验失败的原因，从而证实了量子电动力学的正确性。由此，他一举成名。

在这个实验的基础上，他紧接着又做了一系列相关的实验，系统地研究了光子的特性并且尝试寻找重光子类粒子。1971年，在纽约附近的布鲁克海文实验室里，丁肇中带领研究小组借助复杂精密的高能加速器，开始了寻找新粒子的艰苦历程。

什么是高能加速器？它是高能物理学领域里主要的实验研

究工具，最为人所熟知的现代高能加速器是对撞机。具体而言，高能加速器利用强磁场把带电粒子如电子、质子等加速到超高速度，引导它们与靶物质对撞，观察是否能产生新的基本粒子。

　　这种实验不仅费用昂贵，风险大，而且取得预期成果的概率也难以准确把握。丁肇中对此有一个生动的比喻："在雨季的时候，一个像波士顿这样的城市，一秒钟之内也许要落下千千万万颗雨滴。如果其中的一滴雨有着不同的颜色，我们就必须找出那滴雨。"

　　尽管寻找新粒子的征程如此艰难，丁肇中的执着追求却丝

照片上从上排到下排，从左到右依次是获得1980年诺贝尔物理学奖的美国核物理学家瓦尔·洛格斯登·菲奇、詹姆斯·沃森·克罗宁，获得1976年诺贝尔物理学奖的美籍华裔物理学家丁肇中，获得1957年诺贝尔物理学奖的中国物理学家杨振宁与获得1944年诺贝尔物理学奖的美国物理学家伊西多·艾萨克·拉比

毫未改。功夫不负有心人，1974年8月底的一天，丁肇中及其团队终于有了令人称奇的发现：他们让一束能量很高的质子流撞击在铍的原子核上，终于发现了一种质量比质子重3倍多的新粒子。

然而，科学实验容不得半点偏差，一向以严谨著称的丁肇中此时陷入了冷静的思考："这样的结果是计算器读数错误，还是仪器的偏差造成的假象？"他用不同的方法继续进行实验，并且反复检测了各种仪器的精确度。经过两个月缜密的实验，确证了结果的准确性后，他才于1974年11月11日宣布了这一伟大发现，并把它命名为"J"粒子（因为英文字母"J"和中文"丁"形状相像）。与此同时，美国斯坦福大学的伯顿·里克特教授也独立发现了这种粒子，并将之命名为"ψ"粒子。后来，物理学界将这种粒子统称为J/ψ粒子。

"J"粒子是数十年来高能物理学最重大的发现，为此，1976年诺贝尔物理学奖同时授予丁肇中和里克特，以表彰他们在发现这种新型重光子类基本粒子中所做出的先驱性工作。

（沙　莉）

化学

微信扫一扫　科学早听到

揭开沉淀之谜

——拉瓦锡发现质量守恒定律的故事

质量守恒定律指的是在任何与周围隔绝的物质系统（孤立系统）中，不论发生何种变化，其物质的总质量保持不变。也就是说，物质的形态虽然能够变化，但变化前后物质的总质量是相等的。参与变化的物质既不会消失，也不会凭空产生。对现代人来说，这已经是常识了。但在 18 世纪以前，人们可还没有认识到这一点。

质量守恒定律的发现者是"近代化学之父"——法国化学家安托万·洛朗·德·拉瓦锡。

1743 年 8 月，拉瓦锡出生在巴黎一个富有的律师家庭里，从小就善于独立思考问题。父亲很希望儿子将来能继承自己的事业，拉瓦锡却醉心于化学研究。

自古以来，黄金一直是财富的象征，是许多人梦寐以求的东西。于是，古代出现了许多炼金术士。你知道吗？英文中"chemistry"（化学）这个词就是源自希腊语"khemia"（炼金术）。

法国化学家安托万·洛朗·德·拉瓦锡画像（法国画家雅克·路易·大卫绘，英国肖像版画家詹姆斯·柯德沃刻，美国国会图书馆藏）

这些炼金术士们在用容器烧水时，发现水经过烧煮之后总会产生一些沉淀物。它们是从哪儿变出来的呢？古代的人们都相信，一切事物都由水、火、土、气4种元素构成，并且这4种元素可以相互转化，从而使物质形态发生变化。根据这种观点，炼金术士们对沉淀的出现做出了这样的解释：水在加热时，一部分"水"元素吸收了"火"元素，变成了"土"，就成为沉淀物。

加热后的容器底部出现沉淀物，这是生活中很常见的现象。乍一听，炼金术士们的解释似乎也挺有道理，于是，这种解释就成为公认的理论，一代代地流传下来。

没想到，这个理论传到18世纪中叶时，却遇上了"克星"拉瓦锡。在做化学实验时，细心的拉瓦锡也注意到了沉淀的现象。但他从不拘泥于现有的认识，不盲目接受现成的理论。

拉瓦锡心想："沉淀的产生，是不是水含有杂质的缘故？"于是他将纯净的蒸馏水放在玻璃瓶里加热，发现瓶底也有沉淀物出现。

"我一定要解开这个谜，看看沉淀的产生是怎么一回事。"拉瓦锡设计了这样一个实验：他在一个玻璃瓶中倒入蒸馏水，并分别记下玻璃瓶和蒸馏水的质量。然后他把玻璃瓶密封起来，再接上一个循环的冷凝管。做好准备工作之后，拉瓦锡开始对玻璃瓶连续加热100天，并密切观察瓶中的情况。

在这个密封的装置中，水被加热后变成了水蒸气，水蒸气经过旁边的冷凝管后又冷凝为水，再重新回到玻璃瓶中。

第101天，拉瓦锡撤去了火源，发现水中出现不少沉淀物。他重新称量玻璃瓶、水以及沉淀物的质量，发现它们的总质量并没有变。

"这说明水蒸气一点也没有漏出去。"拉瓦锡满意地说，"很显然，瓶底的'火'并没有跑到水中，沉淀物并不是由'火'产生的。"

既然瓶子外面的"火"没有进入水中，那么，炼金术士们关于沉淀物产生的荒谬理论也就不攻自破了。可是，瓶里的沉淀物究竟是从哪儿"变"出来的呢？

拉瓦锡进一步分析："玻璃瓶已经和外界隔绝了，只有从瓶里才能找到产生沉淀的真正根源。这玻璃瓶里，可就只有水和瓶子本身……"

想到这里，拉瓦锡立刻精确地称量出瓶里水的质量。

"嗯，这水的质量并没有发生变化，和100天以前的完全一样。这说明沉淀物不是由水变成的。"

拉瓦锡沉吟着，小心翼翼地从玻璃瓶里倒出沉淀物，然后再称了称玻璃瓶的质量。

"咦？玻璃瓶的质量减少了些！"拉瓦锡有些激动起来。为了避免差错，他又认真地测了一遍瓶子的质量。没有错，玻璃瓶的质量比加热前的确减少了，不过是微量减少而已。

拉瓦锡赶紧再称量沉淀物的质量，发现这正是玻璃瓶质量减少的数值！

"难道说，玻璃瓶受热后，有微量的玻璃溶解在水中，产生了沉淀？"拉瓦锡惊诧极了，"这可是从来没有人想到过的。"

19世纪初期一本出版物上的拉瓦锡画像

玻璃瓶减少的质量正好等于沉淀物的质量，这还不足以证明沉淀物就是由玻璃瓶产生的，还需要进一步的科学分析。

拉瓦锡用化学方法分析了沉淀物的成分，结果表明它的成分和玻璃瓶的完全相同。原来如此！

根据实验的结果，拉瓦锡写成了一篇论文《论水的性质兼论证明水可能变为土的实验》，推翻了流传多年的水、火、土、气四种元素相互转化的"四元素说"。

质量守恒定律的发现和确立，奠定了现代化学的基础，并且有力地推动了哲学和自然科学的进一步发展。

（沙　莉）

当真理碰到鼻尖的时候

——拉瓦锡发现氧气的故事

1794 年 5 月 8 日，一位 51 岁的学者因被指控"在士兵的烟草中掺水"而被押上断头台。临刑前，这位学者要求："情愿被剥夺一切，只要让我做一名普通的药剂师，做一点化学实验，就心满意足了。"然而，他的要求根本就得不到批准。随着行刑官一声令下，学者的脑袋被砍了下来。

这位学者就是被人们誉为"近代化学之父"的法国科学家拉瓦锡。他的死是科学界的一大损失，法国数学家约瑟夫·路易斯·拉格朗日曾痛惜地感叹道："他们割下拉瓦锡的头，只不过是一瞬间的事，但是不知在一百年之内，世界上还能不能再有一个那样的头脑。"

博学多才的拉瓦锡研究过炸药，涉猎过农业栽培技术，改良过养牛法，制订过开山筑路的计划。不过，他最引人注目的成就是在化学和物理方面，尤其是他通过长期严谨的实验，发现空气中含有一种能助燃、助呼吸的气体，也就是我们今天所

19世纪初期一本出版物上的插画。画作以极富表现力的笔法描绘了拉瓦锡1794年被逮捕及临刑时的情景（美国国会图书馆藏）

说的氧气。

氧气的发现是对拉瓦锡勤于思考、勇于探索的钻研精神的馈赠。其实，在此之前，已经有两位科学家触到了真理的鼻尖，令人遗憾的是，囿于传统理论的束缚，他们都半途而废，从而将揭开真理面纱的殊荣让给了拉瓦锡。

早在17世纪，欧洲人通过对燃烧和呼吸的研究，发现了空气中存在着两种截然不同的气体。但是，当时流行的"燃素说"统治了他们的思想，禁锢了他们对空气的进一步研究。

瑞典化学家卡尔·威尔海姆·舍勒在1773年以前，就通过实验制取了纯净的氧气。但是，作为"燃素说"的忠实信徒，他把这种气体称作"火空气"，并且认为燃烧是"火空气"与燃烧物中的燃素结合的过程，因此未能正确地解释燃烧现象。

几乎与此同时，英国化学家约瑟夫·普里斯特利也通过实验制取了这种气体，并称之为"脱燃素气体"。他把蜡烛放在这种气体中，发现火焰比在空气中更加炽热明亮；他还把老鼠放进去，发现它比在等体积的寻常空气中活的时间约长了4倍；他亲自尝试吸入一些"脱燃素气体"，觉得这种气体使呼吸轻快了许多，让人感到格外舒畅。但他没有继续深入研究，而是开始了在欧洲大陆的度假旅行。

当发现科学真理的机遇轻叩舍勒和普里斯特利大门的时候，他们没有及时地开门迎纳，遗憾地与之失之交臂。

于是机遇女神将目光投向了拉瓦锡。拉瓦锡发现"燃素说"存在着许许多多的破绽。比如，"燃素说"认为金属在煅烧中释放出燃素，而实验结果表明燃烧后剩余的金属灰的质量实际上增加了，这是为什么呢？

为了弄清事实真相，拉瓦锡开始了严谨的实验。他首先仔细地称量了装有空气和固态物质锡的密闭容器的质量，然后用放大镜将阳光聚集在锡块上，或者用火加热焙烧锡块。当锡块燃烧完后，再重新称量装有剩余燃烧物的容器质量。

他用各种不同的物质反复进行实验，结果都表明，密封容器的总质量在燃烧前后都不变。接着，他打开密封容器，让一定量的空气进入，容器总质量比密封时有所增加；然后，他称量锡灰的质量，发现锡灰增加的质量恰好等于容器增加的质量。

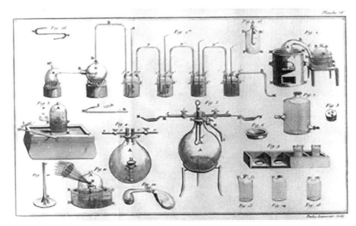

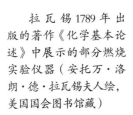
拉瓦锡1789年出版的著作《化学基本论述》中展示的部分燃烧实验仪器（安托万·洛朗·德·拉瓦锡夫人绘，美国国会图书馆藏）

这是什么原因呢？拉瓦锡的大脑开始了紧张的思索。后来他终于得出结论：原来空气中有一种新的气体元素参与了燃烧过程，使得物质在燃烧后质量增加。他最初把这种气体命名为"高度可呼吸的空气""生命空气"，后来改称"氧"。

　　这样，金属燃烧后质量增加的秘密就被揭开了。

　　拉瓦锡推翻了流传多年的"燃素说"，他的思想超越了同时代人，因为他不仅注意到了物质在化学反应中性质的变化，而且注意到其质量上的变化，从定性和定量的角度使化学研究割断了与古代炼金术的最后一根纽带，以一种崭新的科学面貌蓬勃发展起来。

（沙　莉）

玩煤的 "戏法"

——梅尔道克制取煤气的故事

人类在 2000 多年前就已发现了蕴藏在地下的煤矿，但是在相当长的历史时期内一直采用直接燃烧煤的办法来得到热量，就像烧木柴那样。这种做法不仅没有充分利用煤的价值，而且对周围的环境造成了严重的污染。

今天，在日常生活和生产中，人们已经普遍使用煤气作为能源。把煤变成煤气，不仅燃烧污染小，还可以实现管道输送，给人类带来极大便利。煤气早已走进千家万户，人们也将永远记住第一个人工制取并利用煤气照明的人——英国化学家威廉·梅尔道克。

英国化学家威廉·梅尔道克

梅尔道克从小就很爱动脑筋，常常挖空心思做些别人没有做过的事情，尤其是那些让大人们吃惊的事。

有一天，小梅尔道克在山坡上挖到一些煤块。人们都知道，煤块可以用火点着。这时，小梅尔道克突发奇想，便把这些煤块带回了家。他找来一把水壶，把煤块放进壶里，然后给水壶加热。

"把它加热后，它会变成什么呢？还能被点着吗？"小梅尔道克边想边认真观察水壶里的变化。

过了一会儿，水壶嘴里开始向外冒出气体。小梅尔道克打开了壶盖，然后划了一根火柴，想看看煤块还能不能被点着。没想到，燃烧的火柴刚一伸到水壶上面，火焰就猛地往上蹿了起来——气体燃烧了！

这突然蹿起的火焰差点烧到小梅尔道克，但是他开心极了，因为他又找到了一个新游戏。

长大后，梅尔道克走上了化学研究的道路。1792年的一天，梅尔道克在研究煤矿物质时，想起了童年时代玩煤块的游戏。他想："煤燃烧后产生的气体能使火柴的火焰突然蹿高，说明气体能够被燃烧。这种气体也许有些利用价值。"

于是，他邀请了几位朋友来到家里，神秘兮兮地对他们说："今天请大家来看我变个戏法。"

只见他把一块重约15磅的煤放进水壶里，并在壶嘴上接上一根长长的铁管，将铁管的另一端引到客厅。然后，他拎着水壶进了厨房，点火给水壶加热。

客人们端坐在客厅里，瞧着梅尔道克奇怪的举动，打趣地说：

"梅尔道克，你是不是要变些美味佳肴招待我们啊？"

"不过，我们可吃不惯用煤做的食物。"

大伙哄堂大笑起来。梅尔道克也被逗乐了，但他不慌不忙地说：

"别急，一会儿你们就知道了。"

过了一会儿，他弯腰从地上拿起铁管，把手放在管口，笑着说：

"好戏就要开场了！"

只见他拿出火柴，划着一根放在铁管口。客人们只听得"呼"的一声，客厅里瞬间充满了光明——铁管口居然跳动着蓝色的火焰！

"天哪！这是怎么回事？太美了！"客人们惊讶地赞叹道，"难道这就是煤加热的结果？"

"不错。我把煤加热后，

第一座用煤气照明的建筑物——1792年，梅尔道克在康沃尔郡雷德鲁斯的住所

它就变成了气体，我们姑且称之为'煤气'吧。这是一种可燃的气体。只要铁管中还有'煤气'，火焰就不会熄灭。"

就这样，梅尔道克第一次把煤气投入实际应用中。后来，他还在自己的公司大楼里举行煤气灯照明活动。楼顶上一排煤气灯在浓浓的夜色中大放光芒，引得不少市民驻足观看。

19世纪初，煤气在英国被普遍用于照明，煤气街灯点亮了夜幕笼罩下的城市，成了城市夜生活中不可或缺的一抹亮色。

把煤转化成煤气，再把煤气作为能源加以利用，是人类在用煤方式上的重大进步。

（沙　莉）

让光留下倩影

——达盖尔发现摄影感光材料的故事

所谓感光材料，就是一种经过曝光及一定的化学、物理方法加工处理后能固定影像的材料。对摄影来说，感光材料是最重要的基础材料。可以这样说，摄影术的发展史，某种程度上就是感光材料的发展史。

其实，早在18世纪初，德国科学家考尔兹就发现光能改变某些物质的颜色。但他并没有做进一步深入的研究，也没能想到感光材料有什么用途。这一发现却引起了瑞典化学家卡尔·威尔海姆·舍勒的注意。他借助光谱分析，把太阳光分解为单色光，发现不同的单色光能使感光材料以不同的速度变暗。这个发现奠定了感光材料研究发展的基础。

然而，真正发现较理想的感光材料，并因此极大地促进摄影技术发展的是法国画家路易·雅克·曼德·达盖尔。达盖尔于1787年出生于法国北部的一个小镇。他16岁那年只身去巴黎学习舞台美术，由于天赋出众，再加上勤奋刻苦，几年后就闻名于巴黎戏剧界。

1822年，达盖尔租了一间布置简陋的房子，开办了一个"透视画"演示剧场，并开始从事光学布景的设计。不久，他发明了一种暗箱式"万花筒"，这种"万花筒"能将风景画清晰、逼真地反映到墙上或幕布上。他曾试图将幕布上的形象永久地固定下来，然而未能成功。

1830年，达盖尔与法国发明家约瑟夫·尼塞福尔·尼埃普斯密切合作，一同进行摄影感光材料方面的研究。此前，尼埃普斯已在此领域取得了丰硕成果：他把氯化银涂在硬纸上，制成了一种原始的相纸；然后在石板印刷面的上方平放版画，利用柏油的感光性能，借助光线，使石版印刷面上形成版画图像；最后在金属板上涂上感光剂，借助"摄影暗箱"拍出了底片。不幸的是，尼埃普斯"壮志未酬身先死"，与

路易·雅克·曼德·达盖尔肖像画（美国史密森学会国家肖像美术馆藏）

达盖尔合作改进的摄影法还未见成效，他就于1833年去世了。达盖尔只好孤军奋战。

1839年的一天，达盖尔像往常一样摆弄着盛有试剂的大小瓶子，一会儿将这瓶药水倒出来，一会儿将那瓶粉末装进去。他顺手将一把银匙放在一块用碘处理过的金属板上。过了一阵儿，他拿起银匙时，惊奇地发现金属板上留下了银匙的影子。

"这肯定与碘有关。"达盖尔心想。

于是，他加工了一块金属板，并在上面涂上碘，然后进行

曝光显影。结果金属板上虽然留下了影子，但效果并不理想。

希望再次破灭，但达盖尔并不气馁。

过了一段时间，达盖尔在药物箱中寻找一种药剂时，发现了一个不可思议的现象：一张曾经曝过光的废底片上竟然出现了图像。这张底片是三天前拍摄时，由于天气骤变，阳光不足导致曝光不充分而报废的。

"真是一件怪事。这到底是怎么回事呢？"

经过一番思索，他制订了一个寻找"神秘物质"的行动计划：将一张曝过光的底片放进药物箱里，从第二天开始，每天放进一张曝过光的底片，并取出一瓶药品。这样，当某一天某种"神秘物质"被取出箱外后，放进去的曝过光的底片就不可能有什么变化了。

令人费解的是，一天天过去了，药品一瓶瓶被取出来，可直至取出最后一瓶药品，曝过光的底片依然会显像。

"这'神秘物质'到底是什么东西呢？"达盖尔仔细回顾了自己的操作过程，并没有觉得有什么地方不妥。

"那么，这种'神秘物质'会不会以气态形式保留在箱子中呢？"想到这儿，他顿时豁然开朗。

达盖尔立刻对箱子进行了细致检查，他发现箱子里有一些滴落的汞。经过实验，他揭开了"神秘物质"的面目。原来，由于药物箱内温度较高，导致汞蒸发，汞蒸气使曝过光的底片显像。

于是，达盖尔的行动首战告捷，他发现碘化银是一种良好的感光材料。接着，达盖尔不断完善实验，形成了一整套实用的摄影术：在镀银的铜版上充以碘蒸气，使其表面变成碘化银，镀银铜版变为感光版；再通过透镜，使银版感光；之后通入汞

达盖尔用"银版照相法"拍摄的一幅照片

蒸气，此时只要感光部分沾上汞蒸气，图像就被记录下来；最后，把感光版浸入海波溶液（硫代硫酸钠溶液），洗去没有变化的碘化银，一张图像就被成功定格了。这种摄影术被称为"银版照相法"，其显像原理与现在所采用的摄影方法的显像原理大致相同。由于达盖尔采用了较理想的感光材料，底片的曝光时间也从原来的数小时甚至几天时间缩短至数分钟甚至数秒。

1839 年，法国政府买下达盖尔"银版照相法"的专利权，并于 8 月 19 日将这种摄影术公布于世。从此，这一天被定为摄影术的诞生日。

这幅照片或许是最早展现运动中的人物的照片。由于曝光时间仅持续了几分钟，因此街道上快速运动的车辆在照片上消失了，只有左下角的两个人因保持了相对较长时间的固定姿势而在摄影史上留下了身影。有趣的是，如同其他用"银版照相法"拍摄的照片一样，这幅照片也是一幅镜像。

MONUMENT TO DAGUERRE, AT BRY SAN MARNE, FRANCE.

美国《格里森画报》于 1854 年刊登的一张木刻版画，画中描绘的是矗立在法国马恩河谷省马恩河畔布里的一座达盖尔纪念碑（美国国会图书馆藏）

　　1841 年，有人把溴化银加到感光材料碘化银中，大大缩短了曝光时间，使摄影技术更为成熟。感光材料的不断发展，使人类留下无数光影的记忆，记录了无数美好的瞬间。

（刘宜学）

做别人没有做过的事情

——阿尔夫维特桑发现锂的故事

1817 年，瑞典化学界传出喜讯：科学家们又发现一种新的化学元素——锂！

在化学发展史上，发现一种新的元素被人们视作莫大的荣誉。这次荣誉的归属者，是欧洲化学界泰斗贝采里乌斯的学生，年仅 25 岁的瑞典化学家约翰·奥古斯特·阿尔夫维特桑。

阿尔夫维特桑从小就特别喜爱化学。20 岁时，他成为贝采里乌斯的学生。在名师的指点下，阿尔夫维特桑在化学研究的道路上突飞猛进。

瑞典化学家约翰·奥古斯特·阿尔夫维特桑画像

有一天，阿尔夫维特桑对导师说："教授，我想从事一些化学分析工作，我一直很喜欢这项工作。"

贝采里乌斯赞同地说："化学研究离不开分析，这也是实践工作的重要内容。"

"那么，我该分析些什么呢？我希望能做些别人还没有做过的事情。"阿尔夫维特桑说。

贝采里乌斯沉思片刻，说道："这样吧，实验室里有一种矿石，它采自斯德哥尔摩的攸桃岛，至今还没有人专门研究过它的组成成分，你就从研究这块矿石开始做些分析工作吧。"

于是，阿尔夫维特桑开始用化学方法分析这块矿石的基本组成。不久，他就发现这块矿石由二氧化硅和氧化铝组成。

为了确证这一结论，阿尔夫维特桑进行了更为认真细致的分析。结果却让他感到意外，这两种物质的总含量为97%，和整块矿石的总质量相差3%。而且，紧接下来的几次重复分析的结果一再表明，二氧化硅、氧化铝的含量确实与矿石的总量不相符，误差仍为3%。

"这么说，除了二氧化硅、氧化铝，这种矿石还含有另外一种组成成分，我必须找到它。"阿尔夫维特桑想。

在进一步的分析研究中，他发现这剩下的3%的物质中的一种元素表现出来的特性与钾、钠、镁的特性很相似。接下来的工作就是鉴定这种元素究竟是钾、钠，还是镁了。

鉴定工作并不困难，阿尔夫维特桑首先把这种特殊元素提取出来，制成硫酸盐溶液。如果它是镁，那么硫酸镁能和苛性钾产生反应，生成白色氢氧化镁沉淀。

阿尔夫维特桑小心翼翼地把苛性钾加入硫酸盐溶液中，然后认真进行观察。5分钟、10分钟过去了，并没有预期的反应发生。

"不是镁，那么就有可能是钾或者钠了。"阿尔夫维特桑自言自语道。

如果是钾，那么硫酸钾和氯化铂能够产生沉淀。于是他又往硫酸盐溶液中加入氯化铂。耐心观察之后，并没有发现任何沉淀产生。实验结果表明这并不是硫酸钾，因而也就排除了这种元素是钾的可能性。

"看样子，这种元素一定是钠了。不过我还得再鉴定一下。"尽管阿尔夫维特桑对此有相当大的把握，但是严谨的科学态度使他决定继续通过实验来鉴定。

接着，他再次把这种元素的硫酸盐放在水中溶解，却意外地发现它的溶解度与钠的硫酸盐的溶解度不符。

"难道是我弄错了？"阿尔夫维特桑有些不相信。他又想出了另外一种证明方法：按照相对原子质量，将硫酸钠折合成氧化钠计算其占矿石质量的百分比，结果发现这种物质超出矿石总质量的 5%。

由一种特殊锂电池驱动的玛丽·居里号火星车（美国史密森国家航空航天博物馆藏）

锂电池在航空航天等尖端科技领域的应用也十分广泛。这款由锂—亚硫酰氯（Li/SOCl₂）电池驱动的玛丽·居里号火星车由加州理工学院喷气推进实验室制造，在美国国家航空航天局 1997 年的火星探测中发挥了巨大的作用。当时，索杰纳号火星车正在火星上按照计划执行任务，玛丽·居里号火星车则在地球上的喷气推进实验室中的类火星实验环境中模拟索杰纳号火星车的执行动作。

"这是怎么回事？"这回阿尔夫维特桑真的困惑了。冷静下来之后，他的脑海中灵光一闪，忽然想到："莫非这是一种新的元素？"

阿尔夫维特桑把实验分析的情况汇报给导师，师生共同探讨后一致确认：这是一种新的元素！根据贝采里乌斯的建议，这种元素被命名为"锂"。

在化学元素周期表中，第3号元素锂和钾、钠、镁的位置相近，正是因为它们的特性十分相似。后来，人们对"锂"元素的认识越来越深入。今天，以锂金属或锂合金为正、负极材料，使用非水电解质溶液制造的锂电池在日常生活中已得到广泛应用。

（沙　莉）

"女神开门了"

——塞夫斯唐姆发现钒的故事

翻开元素周期表，我们发现，第 23 号元素是有色金属钒。钒的发现者，是瑞典化学家尼尔斯·加布里埃尔·塞夫斯唐姆。说起这个元素的发现，还有一段耐人寻味的故事。

塞夫斯唐姆出生于 1786 年，长大后，他选择了化学研究这条道路，成为当时欧洲化学界泰斗贝采里乌斯的学生。

1830 年，塞夫斯唐姆正在研究一种铁矿石，这种铁矿石产于瑞典的斯马兰德。在研究过程中，他发现这种铁矿石里含有一些金属化合物，而且这些金属化合物呈现出多种颜色，其中以红色最为显著；同时，该矿出产的"铁"不同于其他地方出产的，其性质极柔且富于韧性。

时年 44 岁的塞夫斯唐姆已具有丰富的工作经验。面对这种特殊的现象，他想："莫非，这种铁矿石中含有一种新的元素？"

于是，塞夫斯唐姆紧紧抓住这个想法不放，开始进行深入

瑞典化学家尼尔斯·加布里埃尔·塞夫斯唐姆

的研究。他首先从这种铁矿石中提炼出"铁"，结果却发现这并不是铁，它的性质很特殊。

"这说明'铁'里面还含有其他成分，还可以进一步提炼。"塞夫斯唐姆兴奋起来，似乎已经看到了成功的希望。

经过一系列的化学分析，他终于从"铁"中提炼出一种黑色的金属粉末。它究竟是什么呢？塞夫斯唐姆知道，目前已发现的有色金属都具有溶于酸的特点。

"如果这种金属粉末也溶于酸，那它很可能是已发现的有色金属中的一员。不过，这些有色金属中也没有黑色的呀！如果它不溶于酸……"

塞夫斯唐姆没有再往下想，他立即取少量的黑色粉末放在容器里，再注入酸液。他专注地观察着溶液中黑色粉末的变化。

半小时过去了，一小时过去了……他惊喜地看到，溶液中的黑色粉末依然存在：它不溶于酸！

"难道我真的发现了一种新的元素？"塞夫斯唐姆几乎不敢相信眼前的事实。这时，他想到了他的导师——贝采里乌斯。

塞夫斯唐姆立即激动地带着这些黑色粉末来到导师面前，向他详细地汇报了自己的发现和研究过程。

经过贝采里乌斯的确认，这种黑色的金属粉末里确实含有一种新的元素。该给新元素取个什么名字呢？因为它的各种化合物的溶液五彩缤纷，塞夫斯唐姆决定采用斯堪的纳维亚神话中代表

"美丽与青春"的女神"凡娜迪丝"的名字来给这种金属元素命名，中文称钒。

塞夫斯唐姆公布了发现钒的消息之后，世界化学界都为之鼓舞——化学元素大家庭中又添了一位新成员。

需要指出的是，作为有色金属大家族一员的钒，其真正的颜色是银灰色。塞夫斯唐姆发现了钒，但他并没有提炼出单质钒。直到 1867 年，英国化学家亨利·恩菲尔德·罗斯科用氢气还原氯化钒，才第一次提炼出了较为纯净的金属钒。

在塞夫斯唐姆发现钒不久之后，贝采里乌斯收到德国化学家弗里德里希·维勒寄来的一封信和一块矿石。原来，维勒在 1828 年分析一种产自墨西哥的矿石时，已经开始怀疑它含有某种新的元素，但他当时忙于手头上的其他科研工作，没有再深入研究下去。现在，他从报上得知新发现的元素钒之后，觉得这块矿石中很可能也含有钒。

看完来信后，贝采里乌斯经过实验分析，证实维勒寄来的这块矿石中的确含有钒——可惜维勒当年与它失之交臂！于是，贝采里乌斯提笔给维勒写了一封耐人寻味的信，信中说道：

"在遥远的地方，有一位青春貌美的女神，叫凡娜迪丝。有一天，女神正在房里休息，她听见了敲门声，心想：这会是谁呢？女神没有马上起身开门，那敲门的人悄然离开了。女神很奇怪：是谁这么没有耐心？她跑到窗前一看：哦，原来是维勒。"

"过了一阵，又有人来敲门了。这次，敲门声持续了很久，终于把女神感动了。于是，她开门迎纳了这位耐心的敲门人。他，就是塞夫斯唐姆。"

（沙　莉）

日有所思，夜有所梦

——凯库勒发现苯环结构的故事

德国化学家弗里德里希·奥古斯特·凯库勒

德国的达姆施塔特是一个以文化底蕴深厚而著称的小城。1829 年，著名化学家弗里德里希·奥古斯特·凯库勒在此出生。也许是受到小城浓郁的文化气息的熏陶，在学校时小凯库勒出众的文采就令他的老师和同学们称赞不已。据说有一次，老师在语文课上布置了一道作文题，要求学生们在下课前交卷。全班同学都紧张地埋头写了起来，可凯库勒却若无其事地坐着，甚至抬头悠闲地看着天花板出神。老师见凯库勒不写一字、悠然自得，忍不住用责备的眼光暗示他赶紧动笔。没想到，快下课时，凯库勒居然拿着手中的白纸出口成章地"读"了起来。这篇即兴之作结构精巧、文采斐然，博得了老师和同学们一阵热烈的掌声。不过，凯库勒没有走上写作之路，他的父亲为他选择了一个似乎更实用的专业——建筑学。因为在父亲眼里，建筑师既体面又赚钱，是儿子理想的出路。

于是，凯库勒来到德国西部的吉森大学专攻建筑学。就是在这里，凯库勒的人生发生了重大的转折。他常听同学们提起大化学家尤斯蒂斯·冯·李比希的名字，出于对这位声名卓著的化学家的尊敬与仰慕，凯库勒决定去听他的课。结果他被李比希的课所吸引，从此一发不可收拾，一天比一天更加强烈地迷恋上化学，以至于下决心改修化学。

一次法庭作证，使凯库勒对李比希教授的敬意更深了。原来，当时法院开庭审理轰动一时的赫尔利茨伯爵夫人"戒指失窃案"，李比希和凯库勒同时被传唤到法庭作证。凯库勒的家就在伯爵夫人宅邸的对面，他作为证人在法庭上描述了伯爵夫人家发生火灾时的情景。而恰好在火灾那天，伯爵夫人的宝石戒指失窃了。后来，有人在她的仆人那儿搜到一枚相同的戒指，可仆人却一口咬定，早在 1805 年这枚戒指就成了他家的祖传宝贝。李比希到庭作证，是因为法庭请他对戒指的金属成分进行了测定。伯爵夫人的戒指上有两条蛇缠在一起，一条是黄金做的，另一条是白金做的。仆人却说他的戒指上的白蛇是白银做的。身为化学界权威，李比希在法庭上郑重宣布："经过测定，白蛇是用白金制成的，而不是用白银。而且，白金用于首饰业是从 1819 年才开始的，而仆人却称这只戒指早在 1805 年就到了他手中。因此，仆人的谎言不攻自破。"官司因为李比希的证词而得到了合理的判决。李比希教授渊博的学识给凯库勒留下了深刻的印象，他更加坚定了投身化学研究的决心。

1850 年秋，凯库勒已在李比希主持的实验室中工作了一段时间。在名师的悉心指点下，凯库勒受益匪浅。他不仅学到了这位化学大师扎实而多样的研究方法，而且也学到了认真细致、一丝不苟的科学态度。这些都为他日后的化学研究打下了坚实的基础。

　　19 世纪中叶，随着石油工业、炼焦工业的迅速发展，有机化学的研究也不断深入。我们知道，苯是一种重要的有机化合物，它是从煤焦油中提取的一种芳香族化合物。当时，化学家们面临着一个难题，那就是如何理解苯的结构。1 个苯分子中含有 6 个碳原子和 6 个氢原子，碳原子的最外层有 4 个电子，氢原子的最外层有 1 个电子，那么，1 个碳原子可以和 4 个氢原子结合。如果苯是链状结构，那么在饱和状态下，6 个碳原子应该和 14 个氢原子结合（因为碳原子和碳原子之间还要连接形成碳链）。而 1 个苯分子怎么会由 6 个碳原子和 6 个氢原子相结合呢？

　　这时，凯库勒也着手解决这一难题。他的大脑始终在思考苯的 6 个碳原子和 6 个氢原子的排列问题，他经常每天只睡三四个小时，一工作起来就不肯休息。他在黑板上、地板上、笔记本上、墙壁上画出各种各样的化学结构式，设想过几十种碳原子和氢原子可能存在的排列方式。但是这些排列都经不起推敲，全被他自己否定了。

　　1864 年的一个冬日，他在整理资料时忽然觉得有些疲乏，于是将椅子转向炉火，慢慢打起了瞌睡。在半睡半醒之间，凯库勒只觉得碳原子和氢原子在眼前飞动，不断构成各种各样的排列方式。忽然，碳原子和氢原子幻化成了他和李比希教授出庭作证时伯爵夫人戒指上的那条白蛇。这条蛇扭动着、摇摆着，最后咬住了自己的尾巴，变成了一个环⋯⋯

忽然，像是电光一闪，凯库勒醒了。他揉揉眼睛，白蛇不见了，环不见了，原子也不见了。原来是"南柯一梦"！清醒过来的凯库勒马上想起苯的结构。对！构成苯的碳原子一定像白蛇那样头尾相接，构成环状结构！

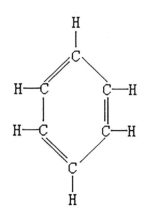

苯分子的凯库勒式环状结构

凯库勒立即奔向书房，迫不及待地抓起笔在纸上画了起来，一个首尾相接的环状分子结构出现了。可是，即使苯分子是环状结构，在饱和状态下，6个碳原子也应该和12个氢原子结合。那么，剩余的6个氢原子去了哪里？经过进一步论证，凯库勒终于第一个提出了苯的环状结构式，指出苯分子中的环状结构是由碳原子以单、双键相互交替结合而形成的。

日有所思，夜有所梦。凯库勒受到梦境的启示发现苯的环状结构，从表面上看是一种偶然，但实际上这正是他连续几个月来日夜思考而引发的必然。

苯结构的提出具有划时代的意义，有力地推动了有机化学的发展。然而凯库勒式仍存在一定局限。现在人们知道，苯分子具有平面正六边形结构，相邻碳原子之间的键完全相同，既不是单键也不是双键，而是介于单键和双键之间的一种特殊化学键。

凯库勒的创造性贡献，使人类对有机分子结构的认识实现了飞跃式发展。

（沙 莉）

怎样给化学元素排队

——门捷列夫编制元素周期表的故事

1907年2月的一天，俄国首都圣彼得堡寒风凛冽，温度表上的水银柱降到 -20℃。太阳似乎暗淡无光，街道两旁点着的蒙着黑纱的灯笼，更渲染出了一派悲哀凝重的气氛。

这时，大街上出现了一支非常奇怪的送葬队伍。这支几万人的队伍在街上缓慢地移动着。在队伍的最前面，既没有花圈，也没有遗像，而是由十几个青年学生扛着的一块大木牌，木牌上面画着好多方格，方格里写着 "C" "O" "Fe" "Zn" "P" "S" 等元素符号。

原来，这是为俄国著名化学家德米特里·伊万诺维奇·门捷列夫举行的葬礼。木牌上画着的方格表就是化学元素周期表——这是门捷列夫一生对科学发展做出的最重大的贡献。在追悼会上，人们反复引述门捷列夫的格言："什么是天才？终身努力，便成天才！"确实，天才化学家门捷列夫的一生，就是不断努力的一生。

门捷列夫出生于1834年。他出生后不久，父亲就因双目失明出外就医，失去了用以维持家人生活的教员职位。祸不单行的是，门捷列夫14岁那年，父亲逝世了，接着火灾又吞没了他家中的所有财产。1850年，家境困顿的门捷列夫依靠微薄的助学金开始了他的大学生活。毕业后，他仍勤学苦读，后来终于成了彼得堡大学化学教研室副教授。

俄国著名化学家德米特里·伊万诺维奇·门捷列夫画像（乔治·斯托达特依据华威·布鲁克斯所摄照片绘，英国维尔康姆博物馆藏）

当时，各国化学家都在研究已知的几十种元素的内在联系，化学界正进入探索元素规律的关键时期。

1865年，英国化学家约翰·亚历山大·雷纳·纽兰兹把当时已知的元素按原子量大小的顺序进行排列，发现无论从哪一个元素算起，每到第八个元素就和第一个元素的性质相近。这很像音乐上的八度音循环，因此，他把元素的这种周期性规律叫作"八音律"，并据此画出了标示元素关系的"八音律"表。

显然，纽兰兹已经下意识地摸到了真理女神的裙角，差点就揭示元素周期律了。不过，当时一些元素原子量的测定值有错误，这限制了他进一步的探索。而且他也没有考虑到有些元素尚未被发现的情况，只是机械地按当时的原子量递增顺序将元素排列起来，所以他没能揭示出元素之间的内在规律。

可见，任何科学真理的发现，都不会是一帆风顺的，都会

— 70 —

но въ ней, мнѣ кажется, уже ясно выражается примѣнимость вы ставляемаго мною начала ко всей совокупности элементовъ, пай которыхъ извѣстенъ съ достовѣрностію. На этотъ разъ я и желалъ преимущественно найдти общую систему элементовъ. Вотъ этотъ опытъ.

		Ti=50	Zr=90	?=180
		V=51	Nb=94	Ta=182
		Cr=52	Mo=96	W=186
		Mn=55	Rh=104.4	Pt=197.4
		Fe=56	Ru=104.4	Ir=198
		Ni=Co=59	Pl=106.6	Os=199
H=1		Cu=63.4	Ag=108	Hg=200
Be=9.4	Mg=24	Zn=65.2	Cd=112	
B=11	Al=27.4	?=68	Ur=116	Au=197?
C=12	Si=28	?=70	Sn=118	
N=14	P=31	As=75	Sb=122	Bi=210
O=16	S=32	Se=79.4	Te=128?	
F=19	Cl=35.5	Br=80	I=127	
Li=7 Na=23	K=39	Rb=85.4	Cs=133	Tl=204
	Ca=40	Sr=87.6	Ba=137	Pb=207
	?=45	Ce=92		
	?Er=56	La=94		
	?Yt=60	Di=95		
	?In=75.6	Th=118?		

а потому приходится въ разныхъ рядахъ имѣть различное измѣненіе разностей, чего нѣтъ въ главныхъ числахъ предлагаемой таблицы. Или же придется предпо-лагать при составленіи системы очень много недостающихъ членовъ. То и другое мало выгодно. Мнѣ кажется притомъ, наиболѣе естественнымъ составить кубическую систему (предлагаемая есть плоскостная), но и попытки для ея образо-ванія не повели къ надлежащимъ результатамъ. Слѣдующія двѣ попытки могутъ показать то разнообразіе сопоставленій, какое возможно при допущеніи основного начала, высказаннаго въ этой статьѣ.

Li	Na	K	Cu	Rb	Ag	Cs	—	Tl
7	23	39	63.4	85.4	108	133		204
Be	Mg	Ca	Zn	Sr	Cd	Ba	—	Pb
B	Al	—	—	Ur	—	Bi?		
C	Si	Ti	—	Zr	Sn	—	Ta	—
N	P	V	As	Nb	Sb	—	—	—
O	S	—	Se	—	Te	—	W	—
F	Cl	—	Br	—	J	—	—	—
19	35.5	58	80	190	127	160	190	220.

1869年出版的《化学原理》一书中的元素周期表（美国国会图书馆藏）

受到时代条件的限制和巨大的阻力，有些阻力甚至是人为的。当年，纽兰兹的"八音律"在英国化学学会的会议上受到了嘲弄，主持人以不无讥讽的口吻问道："你为什么不将元素按照字母顺序表排列？"

门捷列夫可顾不了这么多，他以惊人的洞察力投入了对元素规律艰苦的探索中。直到1869年，他将当时已知的63种元素的主要性质和原子量写在一张张小卡片上，经过反反复复的排列比较，终于发现了元素的周期性规律，并依此制定了元素周期表。

门捷列夫的元素周期表说明：按原子量的大小排列起来的元素，在性质上会呈现明显的周期性变化；部分已知元素的原子量，可根据元素周期律加以修正。

门捷列夫的元素周期律被后来一个个发现新元素的实验所证实，反过来，元素周期表又指导化学家们有计划、有目的地寻找具有特定原子量和特定性质的新化学元素。可以说，门捷列夫编制的元素周期表奠定了现代化学和物理学的理论基础。

在他去世后，人们格外怀念这位身材魁伟，留着长发，有着碧蓝的眼睛、挺直的鼻子和宽广的前额的化学家。他生前总是穿着自己设计的似乎有点古怪的衣服：上衣的口袋特别大，据说那便于放下厚厚的笔记本。他一想到什么，总是习惯性地立即从衣袋里掏出笔记本，把想法顺手记下。

门捷列夫在生活上总是以简朴为乐。即使是沙皇想接见他，他也事先声明：平时穿什么，受到接见时他就穿什么。对于衣服的式样，他也毫不在乎："我的心思在周期表上，不在衣服上。"他的头发式样也很随便。那时，男人们流行戴假发，对此，门捷列夫总是摇着头说："我喜欢我的真头发。"

最让人难忘的是，门捷列夫晚年的时候为了研究日食和气象，自费制造探测气球。他当时出版的著作中都附印上了这样的说明：此书售后所得款项，作者申明用于制造一个大型气球，以全面研究大气上层的气象学现象。

气球的吊篮原计划可以承载两人，但制造好之后由于充气不够，只能坐一个人。门捷列夫不顾朋友们的劝阻，毅然跨进气球的吊篮。他年老多病，却不畏高空危险，不怕那里风大、气温低，坚持亲自观察日食发生的过程。

门捷列夫的这种献身科学的精神，像火炬一样照耀着他身后漫长的科学发展道路，深深地影响着一代又一代有志于科学研究的人。

（沙　莉）

"懒惰孤僻" 的新气体

——拉姆塞、瑞利发现惰性气体的故事

大家都知道，在人类居住的地球表面存在着大量空气。离开了空气，人类将无法呼吸，生命也将终结。空气中到底有些什么成分？对此，科学家们开始了长期的探索。在惰性气体发现以前，科学家们一致认为空气是由氮气、氧气、水蒸气及少量的二氧化碳组成的。

不过，1894 年在牛津举行的英国科学大会上，英国化学家威廉·拉姆塞和物理学家瑞利勋爵当众宣布，他们在空气中发现了一种此前未知的新气体。他们称，空气中存在一种新的气体，这种气体同氧气、氮气等同属大气的组成部分。它从四面八方围绕着我们，甚至通过我们的呼吸进入体内。而与氧气等不同的是，这种新气体的"脾气"十分古怪。它极其"懒惰"而且"孤僻"，几乎不和其他任何物质发生反应。

拉姆塞和瑞利曾对它做过种种实验，如把它和白磷放在一起以观察两者的反应。白磷是一种异常活泼的物质，常温下

它能缓慢地氧化，生成五氧化二磷，当释放的热量在表面积累至40℃的着火点时自燃。然而，在新发现的这种气体中，白磷却一反常态，"文文静静"地待着，不跟新气体发生任何反应。氯气也是一种化学性质很活泼的气体，一般来说它能很快锈蚀铝、镁等金属，但和这种新气体在一起显得"老实"极了，两者之间也不产生任何化学

英国物理学家瑞利勋爵画像（英国画家乔治·里德绘，英国维尔康姆博物馆藏）

反应。此外，拉姆塞和瑞利还在新气体中制造电火花，甚至将这种气体加热，向气体中倒入强酸。结果，它依然故我。

由于这种新气体化学性质极不活泼，两位化学家将它命名为氩（Argon，意为"不活泼""惰性的"）。

说到氩的发现，还得从拉姆塞和瑞利的合作谈起。

1852年，拉姆塞出生于英国格拉斯哥市。他从小就兴趣广泛，聪颖好学。有一次，小拉姆塞在踢足球时不小心把脚踝骨弄伤了，躺在医院里的病床上痛得"哇哇"直叫。他妈妈随手拿了一本关于怎样做焰火的小册子给他看。他看着看着，渐渐地入了迷，居然忘记了疼痛。

伤愈后，拉姆塞还惦记着那本小册子中展现的丰富多彩、变化莫测的奇异世界。他暗下决心，长大后一定要当化学家，去解开化学世界的秘密。"有志者，事竟成。"拉姆塞以优异的成绩从大学毕业后，又经过几年寒窗苦读，终于获得了博士

实验室中的威廉·拉姆塞（美国史密森学会图书馆藏）

学位，在无机化学和物理化学方面小有成就。正当他开始制订研究计划，准备潜心研究化学时，物理学家瑞利找上了门。

原来，此时的瑞利正忙于测定各种气体的密度，尤其是空气中氮气的密度。他取来一瓶空气，先除去瓶子里的氧气，再除去二氧化碳和水蒸气，按道理，剩下的应该全是氮气了。然而，测定的结果显示，剩余"氮气"的密度居然比从氮的各种化合物中制得的纯氮气的密度要大千分之五。这个在常人看来似乎无足轻重的细微差别，在治学严谨的科学家眼中却是不容忽视的。瑞利百思不解，只好上门向拉姆塞博士求助。

拉姆塞对这个问题极感兴趣，他立即停下手头的工作投入到瑞利的研究中。首先，他重复了瑞利的实验。实验证明，千分之五的密度差的确存在于制取途径不同的两种氮气中。接着，拉姆塞做出新的推断：既然纯氮气的密度要小于空气中所谓"氮气"的密度，那么，很可能在取自空气的这部分气体中还混有其他物质，其密度大于纯氮气的密度。难道说空气中还有未知的新气体吗？拉姆塞似乎在黑暗中摸到了真理的鼻尖。他再也坐不住了，强烈的探索欲望打乱了他正常的生活节奏，他开始废寝忘食地寻觅起这种未知的新气体来。

他继续研究从空气中分离出来的"氮气"，用烧红的镁除去其中所有的氮气，果然发现瓶中还剩余大约1/80的气体。拉姆塞和瑞利感到幸福极了，他们看着这未知的气体，就像母亲深情地注视着初生的婴儿。为了进一步检验这种气体的性质，他们将气体放到光谱仪上去分析，结果发现了一种从未见过的明线，从而确信这种未知气体是由一种新的元素组成的。接着，拉姆塞又测定了未知气体的密度，发现未知气体的密度果然比氮气的密度大，大约是氮气密度的1.5倍。后来，他们将这种未知气体命名为氩。

工作中的瑞利勋爵（英国维尔康姆博物馆藏）

　　拉姆塞和瑞利居然在空气中发现了氩，这个消息轰动了整个化学界。然而拉姆塞没有在胜利的喜悦中忘记自己的使命，为了继续探索空气中是否还存在其他未知的气体，他和另一位化学家莫理斯·特拉维斯开始了新的合作。

　　他们利用蒸馏液化空气的办法，根据不同液化气体沸点不同的特点，将空气中的氧气、氮气、二氧化碳、氩等一一除去后，再逐一观察分析剩余气体的光谱线。

　　真理总是格外垂青孜孜不倦的拓荒者。1898年，喜讯不断传出，拉姆塞和特拉维斯陆续又发现了氪、氖、氙等新气体。

它们的"性格"和氩一样，都非常"懒惰"，所以被统称为惰性气体。

1904年，拉姆塞和瑞利因发现氩，被分别授予诺贝尔化学奖和诺贝尔物理学奖。

惰性气体的发现为门捷列夫的元素周期表增添了新的一族，即后来的零族元素，从而使元素周期表更趋完善。同时，惰性气体由于那种独特的"懒惰孤僻"的"性格"，被人们用于进行其他气体所不能胜任的工作。比如，在夜色中闪烁的七彩霓虹灯就是氖气和氩气在发挥作用，而充有氙气的灯泡能发出比日光灯强几万倍的强光，享有"人造小太阳"的美誉。

随着科学技术的不断发展，这些"懒惰"的气体，也正在越来越广泛地服务于人类的生产和生活。

（沙　莉）

"镭 的 母 亲"

——居里夫人发现镭的故事

迄今为止，在诺贝尔奖的评奖史上，唯有一位女性两次获奖。赢得这份殊荣的，就是出生于波兰的科学家——玛丽·居里。1903 年，居里夫妇和贝克勒尔由于对放射性的研究而共同获得诺贝尔物理学奖。1911 年，居里夫人因发现元素钋和镭获得诺贝尔化学奖。于是，居里夫人这个响亮的名字传遍了全球。

居里夫人原名叫玛丽·斯可洛多夫斯卡，1867 年 11 月 7 日出生于波兰首都华沙。年轻时的玛丽是一位才貌出众的姑娘，贫穷的家庭促成了她倔强的性格。1883 年，玛丽以第一名的成绩从中学毕业，她与姐姐热切期盼着能够到巴黎去上大学，可她们那窘迫的家庭条件又无力继续支持这对充满求知欲的姐妹。

望着愁眉苦脸的姐姐，玛丽开口了：

"姐姐，你手头上省下的钱，够你在巴黎待多久？"

年轻时的玛丽·居里（美国国会图书馆藏）

"只够旅费和上医学院一年的费用。可是，医学院要五年才能毕业呢！"

"这样吧，姐姐，你先到巴黎上大学，我去找工作赚钱资助你。等你毕业当医生时，你再帮助我去上学。"富于牺牲精神的玛丽提议道。

夏去秋来，玛丽忍辱负重地在华沙城里和乡下当了近六年的家庭教师。当她最终迈进索邦大学的大门时，昔日的黄毛丫头已是一位24岁的大姑娘了。深知学习机会来之不易，玛丽倍加珍惜自己的大学时光，并于1893年和1894年先后获得物理学和数学学士学位。

1894年，在索邦大学的校园里，为了找一间实验室做研究，玛丽认识了皮埃尔·居里先生——一位年轻的物理学教授。

相似的个性和共同的科学理想，将这两位胸怀壮志的青年紧紧地拴在一起。第二年，立志不嫁的玛丽和决定终身不娶的皮埃尔终于改变了初衷，组成了幸福、美满的家庭。

1896年，法国科学家贝克勒尔发现了具有天然放射性的元素——铀。从学术刊物上看到贝克勒尔的报告后，居里夫人立即被这一发现所吸引。在丈夫皮埃尔的支持下，她勇敢地把对天然放射性元素的进一步探讨作为自己博士论文的选题。当时，很少有人对铀射线做更加深入的探索，天然放射性还是一个充满未知的神秘领域。

可是，此时的居里夫妇有了长女伊伦娜，繁重的课程和琐碎的家务压在居里夫人肩上。更糟糕的是，她既没有经费，又没有仪器和实验室。但困难压不倒倔强的居里夫人，她和皮埃尔费尽周折，终于在学校里借到了一间堆放废物的破木棚，清扫干净之后这里便成了她的实验室。

着了迷似的居里夫人整天把自己关在实验室里拼命地进行研究。在对含铀量较高的沥青铀矿的研究中，居里夫人利用自己丈夫发明的石英压电静电计，首先测得了铀的放射性强度。后来她又发现钍也具有放射性，强度与铀的放射强度相似。接着，她又吃惊地发现在沥青铀矿中还有一种具有比铀和钍的放射性强度大得多的未知元素。严谨的居里夫人经过几十次反复测量，终于确证了自己的发现，并以其天才般的敏锐做出了大胆的推测：

"这其中一定存在着一种极微量、放射性却极强的新元素。"

1898 年 5 月，居里夫人全身心地投入到紧张忙碌的研究工作中，她感到疲惫而又快乐。此时，丈夫皮埃尔毅然停止了自己手头上有关晶体的研究，与妻子一道，开始了探索未知元素的新征程。

他们首先从沥青铀矿中把一切已知的元素分离出来，然后测量每种元素的放射性。经过几次淘汰，排查范围逐渐缩小。最后，他们竟意外地发现，原来沥青铀矿中存在着两种新元素。1898 年 7 月，他们终于发现了其中的一种。

"玛丽，该给它取个什么名字呢？"皮埃尔征求妻子的意见。

"为了纪念我的祖国，我们给新元素取名为'钋'吧！"

"钋"的英文为"Polonium"，和居里夫人的祖国波兰"Poland"的拼写和发音相似。居里夫人无时无刻不在思念着饱受沙俄奴役的灾难深重的祖国。

"好名字！很有意义！"皮埃尔被妻子的爱国情怀感动了。

居里夫人是诺贝尔物理学奖和化学奖的获得者，是皮埃尔·居里的妻子，又是一位伟大的母亲。照片中坐在椅子上的是玛丽·居里，后排从左到右依次是居里夫人长女伊伦娜·约里奥·居里、时任"玛丽·居里镭基金会"主席的玛丽·马丁利·梅洛妮和居里夫人小女儿艾芙·居里（美国国会图书馆藏）

接着，他们又废寝忘食地对尚未捕获的另一种新元素开始了追踪。

1898年12月26日，居里夫妇再次宣布他们发现了新的放射性元素——镭。

"怎么让我们相信你的发现呢？请把新元素给我们看看！"注重实际的科学家们向居里夫妇提出了似乎并不苛刻的要求。

可是，居里夫妇心里十分清楚，在现有条件下提取纯质镭极为困难。因为新元素含量极其微小，即使在放射性最强的沥青铀矿中，镭的含量也微乎其微。要从沥青矿石中提取纯质镭，无异于大海捞针。

百折不挠的居里夫妇没有被困难吓倒。在那个冬冷夏热的小木棚里，居里夫妇开始了艰辛的提炼工作。

经过 45 个月的苦战，他们终于从 30 多吨矿石当中，得到了 0.1 克纯净的镭。

漆黑的夜里，破旧的小木棚中，在黑暗的角落，试管里一粒小得可怜的镭，正闪烁着淡蓝色的荧光。

居里夫妇忘情地注视着它，就像慈祥的父母凝视自己那初生的婴儿。泪水，幸福的泪水，顺着他们清癯的面庞流了下来。

镭的发现，揭开了原子核物理学发展的新篇章。居里夫妇的名字也因为他们在科学上的卓越成就而被载入科学史册。

（沙　莉）

"绿色工厂"的奥秘

——卡尔文发现光合作用碳循环机理的故事

在我们世世代代居住的这颗星球上，有一家庞大得无与伦比的"绿色工厂"。它每年消耗约 1500 亿吨的碳，释放约 4000 亿吨的氧气，产出约 1700 亿吨的碳水化合物，全世界超过 75 亿人、150 多万种动物的生命，都必须直接或间接地依靠这家"工厂"的"产品"才得以延续。

这家"绿色工厂"的主体是我们非常熟悉的绿色植物，以及其他能进行光合作用的生物（包括某些藻类、细菌等）。"绿色工厂"的运转原理的确非同寻常，它不用煤，不用电，只要有二氧化碳、水和阳光，就能源源不断地生产出碳水化合物，为我们提供能量。

更让人感到惊奇的是，"绿色工厂"的"车间"就设在植物的叶片细胞内，它的体积小到只有在电子显微镜下才能被观察到。在电子显微镜下面，我们可以看到细胞里有许许多多绿色的颗粒，这就是叶绿体。每个叶绿体里都可以进行光合作用。

一个叶绿体就是"工厂"里的一个"车间"。

很早以前，人们就想解开光合作用的奥秘，模仿"绿色工厂"中的神奇工艺，用二氧化碳和水做原料为生物提供生存所需的能量。

20世纪前期，英国植物生理学家希尔发现，在具有适当氢受体（如 Fe^{3+}）的水溶液中的离体叶绿体或叶绿体碎片，在接受光照之后能把 Fe^{3+} 还原为 Fe^{2+}，使水光解并释放出氧，这就是希尔反应。

毋庸置疑，希尔的发现意义重大。他证明了光合作用中的光反应原理，阐明光合作用主要在叶绿体中进行，并不依赖生物体的生命状态，打破了以往对光合作用只能在活细胞中进行的认识。他发现了光合作用中释放出的氧是水在光下被分解的结果，并非来源于二氧化碳，指出光反应中有光诱导的电子传递现象即氧化还原反应，光能在此过程中实现向化学能的转化并储存在化学键中。

可是，希尔只是在光合作用这只神秘的"暗盒"上打开了一道小小的缝隙，还有许多关键问题仍悬而未决，例如在较高的光照强度下，二氧化碳浓度的确能够影响光合作用的速率，而当二氧化碳浓度一定、光照强度达到较高水平后，光合作用速率并不随光照强度继续增加而无限提高，这是否意味着光合作用中有不需要光照参与的暗反应？二氧化碳在光合作用中是如何被固定的？植物吸收二氧化碳后最初的同化物（二氧化碳的转化产物）是什么物质？这些问题仍然是一个个谜团。

1948年，美国加利福尼亚大学伯克利分校化学系的梅尔文·埃利斯·卡尔文决心离开自己熟悉的专业领域，潜心研究

揭秘碳循环机理的美国著名生物化学家、植物生理学家梅尔文·埃利斯·卡尔文

光合作用机理，以揭开"绿色工厂"的神秘面纱。

要确定二氧化碳的同化物，必须先要了解碳同化过程。可是，碳同化发生在植物体内，看不见，摸不着，怎么研究它呢？

当时，物理学家刚刚发现一种新的同位素碳-14（^{14}C）具有长寿命放射性。听到这个消息后，卡尔文想，能否设法将碳-14放入植物叶片细胞内，在光合作用的碳同化过程中标示碳原子的转化路径呢？碳-14和一般碳元素化学性质相同，用它合成的二氧化碳同样能被植物吸收并进行光合作用。这样，根据碳-14能在衰变过程中放出射线的特点，通过仪器检测，卡尔文就可以很容易地探知碳的位置和数量。

于是，卡尔文与本校劳伦斯伯克利国家实验室的学者本森合作，首次将碳-14作为一种示踪物来研究碳同化中的二氧化碳的固定与转化过程。果然不出卡尔文所料，从仪器中，他们可以清晰地看到碳-14反映出来的碳同化过程。卡尔文为解开光合作用的奥秘开辟了一条崭新的途径。

然而，碳-14只能标记碳同化中的二氧化碳的转化路径，碳同化的产物是什么却依然是个谜。为了解开这个谜，卡尔文使出浑身解数，结果还是一筹莫展。为此，他绞尽脑汁，寝食难安。

　　有一天，卡尔文在图书馆信手翻开一本近期出版的化学杂志，其中一篇文章引起了他的注意。这篇文章报道了一位名叫马丁的化学家改进了传统的色层分析法，用双向纸进行层析，成功从少量样品中分离出各种氨基酸的消息。

　　真是"山重水复疑无路，柳暗花明又一村"。卡尔文恍然大悟：这种纸层析方法，不就可以用来将光合作用产生的众多化合物分离开来吗？他立即回到实验室，开始了新的攻关。

　　卡尔文决定用一种单细胞小球藻进行实验，以便更好地对细胞进行操作，同时减少其他复杂生命活动对光合作用的影响。他小心翼翼地将小球藻暴露于含碳 -14 的放射性二氧化碳中，并给予不同时间的光照；光照结束后，分别提取小球藻细胞悬液，并用纸层析方法对悬液中因不同光照时长形成的不同物质进行分离。卡尔文在一张滤纸上滴上一滴含有碳 -14 的细胞悬液，再将滤纸浸入溶剂，发现提取液中的各种物质由于性质不同，在溶剂中以不同的速度向纸的上端移动。最终，不同物质停留在滤纸的不同位置，形成色谱。通过对比该色谱与已知物质的色谱，即可明确某一物质的种类与性质。接着，他把这张含有放射性物质的滤纸，紧贴在一张 X 射线底片上方。由于滤纸中的碳 -14 具有放射性，底片会在相应位置出现斑点，这些斑点即标示着碳原子在光合作用不同阶段的转化轨迹，这就是放射自显影法。几天之后，卡尔文取出底片一看，梦寐以求的奇迹出现了：底片上呈现的黑点，不正标示出了他"踏破铁鞋无觅处"的神秘物质吗？研究方法上的又一次突破，将卡尔文等人对光合作用暗反应中二氧化碳固定及转化的研究工作推向新的境界。

　　卡尔文在测定二氧化碳的同化产物时发现，随着光合作用进行时间的缩短，放射性碳 –14 集中出现在一种叫 3– 磷酸甘油酸的物质上。他一鼓作气，很快确定了光合作用碳固定与碳循环的基本途径。

卡尔文天才般地将物理学、化学最新的科研成果移植过来，应用于光合作用和植物生理学研究，结出了丰硕的果实。1957年，他第一次发现了光合作用碳循环的机理，弄清了叶绿体通过光合作用，把二氧化碳转化为有机体内碳水化合物的循环过程。为此，光合作用碳循环被称为"卡尔文循环"。1961 年，卡尔文因发现光合作用碳循环机理荣获诺贝尔化学奖。

（沙　莉）

附 录

本书所附插图来自世界各国图书馆、博物馆、档案馆等的数字馆藏及各类公版数字资源库，附录对其中部分图片的来源做了详细说明。图片著作权所有者声明无需注明来源的或者已进入公版领域的，本附录不再予以呈现。

🔍 "数学"卷

1. "'几何无王者捷径'"篇，图片：牛津大学自然历史博物馆中的欧几里得雕像，马克·威尔士摄；网址：https://commons.wikimedia.org/wiki/File:Euclid_statue,_Oxford_University_Museum_of_Natural_History,_UK_-_20080315.jpg。

2. "用字母和符号代表数及其运算"篇，图片：被誉为"代数之父"的阿拉伯数学家阿布·贾法尔·穆罕默德·伊本·穆萨·花剌子米画像，米歇尔·贝克尼绘；网址：https://commons.wikimedia.org/wiki/File:Al-Khwarizmi_portrait.jpg。

3. "连接代数和几何的'桥梁'"篇，图片：法国哲学家、数学家和科学家勒内·笛卡儿画像，弗兰兹·霍尔斯绘，W.霍尔刻；来源：Prints & Photographs Division,Library of Congress,LC-USZ62-61365 (b&w film copy neg.)；网址：https://lccn.loc.gov/2004671915。图片：笛卡儿坐标系，选自笛卡儿1637年法文版《几何》；来源：Lessing J. Rosenwald Collection, Library of Congress, http://hdl.loc.gov/loc.rbc/General.34972.1；网址：https://lccn.loc.gov/32034972。

4. "'我站在巨人的肩膀上'"篇，图片：牛顿关于微积分的著作《流数术和无穷级数及其在曲线几何中的应用》卷首插图；来源：Library

of Congress, http://hdl.loc.gov/loc.rbc/General.48007.1；网址：https://lccn.loc.gov/42048007。

🔍 "物理"卷

5."教堂大吊灯的启示"篇，图片：意大利天文学家、物理学家，欧洲近代自然科学的创始人伽利略·伽利雷画像；来源：Miscellaneous Items in High Demand, Prints and Photographs Division, Library of Congress, LC-USZ62-83083 (b&w film copy neg.)；网址：https://www.loc.gov/pictures/item/2002710468/。图片：伽利略与天文奇观；来源：Miscellaneous Items in High Demand, Library of Congress, LC-USZ62-110447 (b&w film copy neg.)；网址：https://www.loc.gov/pictures/item/2006690469/。

6."'大自然讨厌真空'"篇，图片：这幅1672年出版的版画生动描绘了1654年这场实验的场景，在画面上部有对真空铜球构造的详细图解；来源：Miscellaneous Items in High Demand, Library of Congress, LC-USZ62-95330 (b&w film copy neg.)。网址：https://www.loc.gov/pictures/item/92518531/；图片：格里克著作《马德堡的新的真空实验》插图；来源：Miscellaneous Items in High Demand, Rare Book and Special Collections Division, Library of Congress, LC-USZ62-110458 (b&w film copy neg.)；网址：https://www.loc.gov/pictures/item/2006690482/。

7."揭开光谱的奥秘"篇，图片：牛顿绘制的反射望远镜的构造图解；来源：Miscellaneous Items in High Demand, Library of Congress, LC-USZ62-110449 (b&w film copy neg.)；网址：https://www.loc.gov/pictures/item/2006690472/。

8."'苹果为什么不往天上掉？'"篇，图片：漫画《万有引力定律的发现》；来源：Miscellaneous Items in High Demand, Prints and Photographs Division, Library of Congress, LC-DIG-ppmsca-27672 (digital file from original print)；网址：https://www.loc.gov/pictures/item/2011647627/。

9."天上一日，地上一年"篇，图片：1921年，爱因斯坦与时任美国总统的沃伦·甘梅利尔·哈定在美国白宫内的合照，哈里斯和尤因摄；来源：Harris & Ewing photograph collection, Prints and Photographs Division, Library of Congress, LC-DIG-hec-31006 (digital file from original negative)；网址：

https://lccn.loc.gov/2016885955。

10. "'铀X'之谜"篇，图片：著名原子物理学家莉泽·迈特纳，哈里斯和尤因摄；来源：Prints and Photographs Division, Library of Congress, LC-USZ62-99090 (b&w film copy neg.)；网址：https://lccn.loc.gov/90707039。

11. "电阻消失了"篇，图片：2007 年，在美国布朗大学进行交流的利昂·N·库珀，肯尼斯·齐克尔摄；网址：https://commons.wikimedia.org/wiki/File:Nobel_Laureate_Leon_Cooper_in_2007.jpg。

12. "统一'时钟'的'发条'"篇，图片：2010 年，在美国德克萨斯图书节上的美国物理学家史蒂文·温伯格，拉里·摩尔摄；网址：https://commons.wikimedia.org/wiki/File:Steven_weinberg_2010.jpg。图片：希格斯玻色子的罕色衰变过程；网址：http://home.cern/news/news/physics/altas-finds-evidence-rare-higgs-boson-decay。

🔍 "化学"卷

13. "揭开沉淀之谜"篇，图片：法国化学家安托万·洛朗·德·拉瓦锡画像，法国画家雅克·路易·大卫绘，英国肖像版画家詹姆斯·柯德沃刻；来源：Popular Graphic Arts,Prints and Photographs Division, Library of Congress, LC-DIG-pga-04592 (digital file from original item), LC-VSZ62-44066 (b&w film copy neg.)；网址：https://www.loc.gov/pictures/item/2009633432/。图片：19 世纪初期一本出版物上的拉瓦锡画像；来源：Tissandier Collection, Prints and Photographs Division, Library of Congress, LC-DIG-ppmsca-02243 (digital file from original print)；网址：https://www.loc.gov/pictures/item/2002735664/。

14. "当真理碰到鼻尖的时候"篇，图片：19 世纪初期一本出版物上的插画；来源：Tissandier Collection, Prints and Photographs Division, Library of Congress, LC-DIG-ppmsca-02243 (digital file from original print)；网址：https://www.loc.gov/pictures/item/2002735664/。图片：拉瓦锡 1789 年出版的著作《化学基本论述》中展示的部分燃烧实验仪器，安托万·洛朗·德·拉瓦锡夫人绘；来源：Miscellaneous Items in High Demand, Library of Congress, LC-USZ62-95275 (b&w film copy neg.)；网址：https://www.loc.gov/pictures/item/92517580/。

15. "让光留下倩影"篇，图片：美国《格里森画报》于1854年刊登的一张木刻版画；来源：Miscellaneous Items in High Demand, Prints and Photographs Division, Library of Congress, LC-USZ62-47603 (b&w film copy neg.)；网址：https://www.loc.gov/pictures/item/2005688183/。

16. "怎样给化学元素排队"篇，图片：1869年出版的《化学原理》一书中的元素周期表；来源：Library of Congress, LC-USZ62-95277 (b&w film copy neg.)；网址：https://lccn.loc.gov/92517587。

17. "'镭的母亲'"篇，图片：年轻时的玛丽·居里；来源：Bain News Service photograph collection, Prints and Photographs Division, Library of Congress, LC-DIG-ggbain-07682 (digital file from original neg.)；网址：https://lccn.loc.gov/2014687674。图片：居里夫人是诺贝尔物理学奖和化学奖的获得者，是皮埃尔·居里的妻子，又是一位伟大的母亲；来源：Bain News Service photograph collection, Prints and Photographs Division, Library of Congress, LC-DIG-ggbain-32322 (digital file from original negative)；网址：https://lccn.loc.gov/2014712475。